还原与争辩

海德格尔对尼采的存在论阐释

马成昌 著

上海三联书店

序　言

　　本书采取上、下篇的形式对海德格尔的尼采解释进行批判性解读,上篇着重以两位哲学家之间争辩的关键概念为切入点,对几条理论线索的主要内容与相互关联进行阐述,理解这一思想事件的整体意蕴;下篇从历史背景、文本背景、历史效应等方面对这一思想事件进行全面评析,探讨这一思想事件的多重意义。上篇主要阐述了海德格尔与尼采在艺术观、真理观、虚无主义、永恒轮回四个论题的争辩。大致来说,海德格尔的尼采阐释经历了一个"肯定—批判与拯救—拒绝—开放与妥协"的过程,其原因既与海德格尔的哲学转向有关,也与当时的社会历史环境有关;虚无主义是海德格尔与尼采的核心争辩,尼采将虚无主义的本质规定为最高价值的自行贬黜,但海德格尔将虚无主义的本质规定为形而上学,尼采是虚无主义的最终完成者;海德格尔强调尼采的强力意志、艺术观、陶醉、形式与伟大的风格与他前期基础存在论的贯通性,但认为尼采对艺术的沉思是一种极端的美学,仍然是从主体角度理解艺术,而应该从艺术作品的角度理解艺术;海德格尔把永恒轮回看作尼采哲学的基本学说,这是与尼采众多研究者最为显著的不同之处。"永恒在瞬间中存在"是尼采轮回学说的精义,尼采的"瞬间"执着于对当下的无条件肯定,而海德格尔更强调在瞬间处境中的选择、决断、奋争;尼采根据认识之本质规定真理之本质,海德格尔则根据真理之本质规定认识之本质,探求真理的本质不是一种"颠倒",而是一种"旋转",但在思想实质上二者对传统真理观的解构具有一致性,具体表现为尼采对真理的"去幻象化"与海德格尔对真理的"再存在论化"。

　　下篇是对海德格尔尼采解释的全面评析。第六章以海德格尔政治介入前后对尼采的不同理解为切入点对这一主题展开论述,认为海德格尔政治介入前后对尼采有着两种截然不同的理解。他的政治介入植根于其生存论哲学的诸种可能性之中,而这种哲学观念更多地来源于尼采。因此,尼采对海德格尔的深刻影响并不是在尼采讲座时期,而是在尼采讲座之前,政治介入本身则是对尼采哲学的彻底归依,而后期讲座则是对尼采哲学的批判与重新定位,这种批判即使不能构成海德格尔尼采讲座的全部主题,但也应视为海德格尔尼采解释的重要一维。第七章集中论述德里达对海德格尔尼采解释的批判。一方面,海德格尔对尼采的解读堪称完美且影响巨大;但另一方面,海德格尔这种"六经注我"的解读方式又饱受诟病,即脱离尼采文本,对某些段落过度解读,将尼采强行塞进他所设计的形而上学的理论藩篱。在所有批判者中,德里达是最为尖锐的一个。他认为,海德格尔对尼采的解释虽然是一种拯救行为,但这种拯救却是对尼采思想与文本的侵吞与肢解,是一种暴力的拯救。他从不同视角对海德格尔的尼采解释给以批判,一定程度上揭示了海德格尔哲学与解释学的形而上学印记,以达到将尼采从海德格尔式的阅读中拯救出来的目的。第八章试图阐明海德格尔尼采解释的两个"隐秘"问题,而每个隐秘问题又都呈现出"两个尼采"的面相。就第一个问题而言,"两个尼采"指的是海德格尔提供给我们的尼采形象与学界普遍理解的尼采形象具有较大差异,这涉及海德格尔尼采解释的方法论预设问题;就第二个问题而言,海德格尔讲座中的尼采解释与后期著作中的尼采解释存在较大差异,这涉及海德格尔 30、40 年代的尼采讲座与 1961 年的《尼采》两个文本的比较问题。通过对这两个问题的讨论,本章旨在指供一个更加全面理解海德格尔尼采解释的文本背景,从而提供给人们在阅读《尼采》时本应具有的一个维度,使人们注意在"两个尼采"思想张力下来理解真实的尼采。第九章旨在突破海德格尔的解释框架,实现两位哲学家的一种对话性理解。一方面探讨尼采对传统形而上学的批判以及尼采强力意志哲学的非形而上学性,阐明尼采哲学中所蕴含的现象学思想特质,由此揭示尼采谱系学与海德格尔现象学的共通性。另一方面探讨尼采对海德格尔后期思想的影响,在充分阐明这一思想内容基础上,揭示尼采与《哲学论稿》之间的内在关联以及尼采对海德格尔"存在历史之思"的重要影响。

本书旨在对海德格尔的尼采阅读从体系梳理、概念辨析、内容阐释、理论评析四个层面进行解释性建构,具体阐述与全面评析海德格尔尼采解释的思想内涵,多维呈现海德格尔尼采阐释的解释机制,揭示海德格尔以何种方式将尼采哲学置入传统形而上学,并将其视为最后一位形而上学家。从方法、立场、思想实质三个方面全面展现海德格尔尼采解释中立场的多变性、形式的统一性、思想的亲和性、拯救的暴力性、方法的还原性、理论的相通性以及影响的隐匿性特点,从而丰富与深化海德格尔与尼采哲学在当代中国学术研究中的理解。

海德格尔将 20 世纪 30 至 50 年代的大部分学术精力几乎都献给了尼采,将其带到了一个最高的哲学位置,试图抓住真实的尼采,以一种全新的理解与领会方式追随尼采哲学,从而获得最大程度的明晰性与说服力。在这种全新的理解与领会中将尼采形象进行了扩展与重塑。在此意义上,海德格尔的尼采解释不是一种谨慎的评注,而是一种大胆的尝试,即试图揭示尼采哲学中"未被思考的东西"(Ungedachte)。海德格尔把尼采视为与柏拉图、亚里士多德、笛卡尔、莱布尼茨、康德与黑格尔同等地位的哲学家,并根据哲学传统来理解尼采哲学。从整个西方哲学的大传统来看,黑格尔与尼采都认为自己处于这种哲学发展过程的终点,黑格尔把自己看作这种哲学的顶点和目标,尼采则把自己视为这种哲学的转折点和新开端。海德格尔同样也认为自己处于一个转折点上,站在一个新开端面前,但他却将尼采列入形而上学行列,并且把尼采阐释为形而上学的完成者。

　　在海德格尔的解释中,我们看到,尼采思想始终是他想要克服的形而上学的最本质部分,通过对尼采哲学的批判以保护自己免受这种形而上学思维的侵蚀。同时,尼采又为他的存在历史之思提供了灵感,为未来哲学指明了方向。由此,海德格尔表现出对尼采的双重态度。一方面,海德格尔表现出对尼采的一种认同,他的解释竭力服务于尼采哲学,即服务于这种哲学的内在统一性以及这种哲学所具有的伟大力量。另一方面,海德格尔又表现出对尼采哲学的批判,批判这种哲学关涉存在历史的不充分性,尼采哲学以现代主体形而上学的形式把作为一种完成的形而上学带入它最极端的可能性之中。作为形而上学的完成者,尼采只是一个紧靠形而上学边缘却不能超越它的一个哲学家。海德格尔以一种对尼采既锁闭又开放的若即若离方式解读尼采,这缘于海德格尔总是将尼采放置到哲学主导问题与基础问题之间来处理。

　　海德格尔论尼采的著作与他关于"存在历史"的思想之间具有内在联系。在"存在历史"这一维度下,哲学的"主导问题"(Leitfrage)与哲学的"基础问题"(Grundfrage)得以显现出来。从哲学的主导问题即"什么是存在者之存在?"(Was ist das Sein des Seienden?)的角度来看,海德格尔认为尼采体现出了作为哲学家的远见卓识,因此表现出尼采哲学的认同与拯救;而从哲学的基础问题即"什么是存在之为存在?"(Was ist Sein als solches?)来看,尼采哲学表现出了存在之被遗忘状态的顶峰,因而表现出对尼采哲学的一种批判。由此,他将尼采描述为"第一开端"的终结者与"另一开端"的过渡者,而尼采这种"过渡者"的角色为海德格尔的思想转向与存在之真理的形成起到了关键作用。在对尼采解释的漫长历史中,海德格尔总是将尼采不断地置入哲学主导问题与哲学基础问题之间来处理。

海德格尔通过对尼采哲学的解释,使形而上学得以存在的结构与要素更加明晰,也使人们领会了关于哲学问题的另一种叙事框架。自此以后,虚无主义、哲学的终结、克服形而上学等哲学话语成为现代哲学讨论的主要问题。这一解释也表达了两位哲学家同样的现实关照:只有当意识到千百年来人类大加赞扬的理性实际上正是"思"的最顽固敌人时,我们才真正开始思想。这一见解集中反映了20世纪哲学对现代性本身的警醒。因为现代性不仅带来了人类社会的种种进步,而且也带来了一些自我毁灭的潜能。同时,海德格尔的尼采解释为本体论意义上的解释学阅读方法提供了成功范例,建立了解释学关于思想史的成熟观点,在此基础上,海德格尔决定性地将尼采哲学从种种流俗观点中解放出来,确立了尼采独一无二的哲学家地位。

目　　录

下篇　理论评析

导　论

海德格尔的尼采解释是 20 世纪欧陆哲学的一个重要思想事件，这一解释与对现代性的理解以及对整个形而上学史的理解密切相关。海德格尔对尼采的解释前后持续时间近 20 年之久，是海德格尔学术生涯的重要关切，对整个现代欧陆哲学产生了重要影响，诚如维尔纳·施特格迈尔（Werner Stegmaier）所言，"时至今日，就其影响力来说，海德格尔的尼采阐释毫无疑问是最卓有成效的。老一辈学者主要是通过海德格尔才学会把尼采当作一个哲学家看待的，而世界各地的新一代尼采研究者也主要是通过海德格尔而进入尼采哲学的。即使海德格尔对于尼采文本的解释不被采纳，海德格尔的解释仍旧因其对于尼采文本强有力的贯通而引人入胜，仍旧以其系统性而具有启发意义"①。

虽然尼采生活在 19 世纪，但他的影响无疑是在 20 世纪，而这种影响的决定性步骤无疑是通过海德格尔实现的，他使人们去

---

① 维尔纳·施特格迈尔（Werner Stegmaier）."海德格尔之后的尼采"，载阿尔弗雷德·登克尔等编，《海德格尔与尼采》，孙周兴、赵千帆等译. 商务印书馆，2015 年，第 397 页。

关注尼采或重新审视关于尼采的种种论断①。无论是海德格尔同时代的尼采解释，还是后现代主义的尼采解释，抑或是施特劳斯学派对尼采的政治哲学解读，都是在不同程度上对海德格尔式解读的回应，从而在 20 世纪呈现了一个纷繁复杂、波澜壮阔的尼采解释的画卷。例如，就后两者来说，二者都接受了海德格尔的前提，即认为理解尼采与柏拉图哲学的关系是理解尼采哲学的关键，但都批判海德格尔仅仅将尼采理解为一位柏拉图主义者。后现代主义者反对海德格尔那里的尼采形象，如"颠倒的柏拉图主义者""最后一位形而上学家"等，认为尼采对柏拉图主义的颠覆与摧毁远比海德格尔更为彻底，尼采是后现代主义的先驱。而施特劳斯学派则认为，后现代主义过于强调尼采哲学的否定性与解构性，完全忽视了它的肯定性与建构性，而后者才是尼采哲学的实质所在；但承认尼采哲学的建构性并不意味着把尼采看作是一位柏拉图主义者，而是一位"柏拉图式的"政治哲学家。鉴于海德格尔的解释对 20 世纪的尼采研究具有如此重要的始源意义，那么，厘清海德格尔与尼采哲学的关系，阐明尼采在海德格尔哲学

① 20 世纪关于尼采的主要著作有：卡尔·洛维特(Karl Löwith)的《尼采的相同者的永恒轮回哲学》(*Nietzsches Philosophie der ewigen Wiederkehr des Gleichen*，1935 年)，国内学者已将洛维特集中论尼采的著作、论文与评论全部集结译出：《尼采》，刘心舟译，中国华侨出版社，2019 年；另外，洛维特论海德格尔与尼采的相关著作还有：《海德格尔——贫困时代的思想家：哲学在 20 世纪的地位》，彭超译，西北大学出版社，2015 年；《从黑格尔到尼采》，李秋零译，生活·读书·新知三联书店，2014 年；《纳粹上台前后我的生活回忆》，区立远译，学林出版社，2008 年。卡尔·雅斯贝尔斯(Karl Jaspers)的《尼采其人其说》(*Nietzsche：Einführung in das Verstandnis seines Philosophierens*，1936 年)，鲁路译，社会科学文献出版社，2001 年；乔治·巴塔耶(Georges Bataille)的《论尼采：机遇的意志》(*Sur Nietzsche：Volonté de chance*，1945 年)；瓦尔特·考夫曼(Walter Kaufmann)的《尼采：哲学家、心理学家、敌基督者》(*Nietzsche：Philosopher，Psychologist，Antichrist*，1950)；欧根·芬克(Eugen Fink)的《尼采的哲学》(*Nintzsches Philosophie*，1960 年)；吉尔·德勒滋(Gilles Deleuze)的《尼采与哲学》(*Nietzsche et la philosophie*，1962 年)，周颖、刘玉宇译，社会科学文献出版社，2001 年。

发展中的重要意义则显得尤为重要。

一、在"主导问题"与"基础问题"之间的尼采解释

在《尼采》前言中，海德格尔开门见山地指出他阅读尼采的两点与众不同之处：其一，他用"尼采"这个名字作为由讲座集结而成的书名，"《尼采》——我们用这位思想家的名字作标题，以之代表其思想的实事"①。其二，"实事，即争执，本身乃是一种争辩"②。海德格尔阐述了他阅读尼采的独特方式，即阅读尼采即是在与尼采争辩。海德格尔为什么要用"尼采"作为他著作的标题？我们又该怎样理解海德格尔与尼采的"争辩"？在某种程度上，海德格尔关于尼采的重要论断都是为这两个问题服务的。前者将尼采定位在西方形而上学的轨道上，后者代表了海德格尔对待尼采的多重立场、态度与意图。

海德格尔认为，每个伟大的哲学家一生都以其独特形式来思考"那个同一者"（das Selbe），但他们都没有思及"存在之真理"（die Wahrheit des Seins），他们都行走在哲学的主导问题（Leitfrage）"什么是存在者之存在？"（Was ist das Sein des Seienden?）上，而从来未思及哲学的基础问题（Grundfrage）"什么是存在之为存在？"（Was ist Sein als Solches?），尼采也未曾思考这个问题。整个哲学史上的本质（essence）、形式（morphe）、型相（eidos）、实体（ousia）、主体（subject）③等概念都是为了定义事物的存在，都是对存在者的研究。"强力意志"表达了尼采至高的哲学理想，这种哲学理想同样行走在西方哲学"什么是存在者？"这

---

①　海德格尔. 尼采[M]. 孙周兴译. 商务印书馆，2012：1。

②　海德格尔. 尼采[M]. 孙周兴译. 商务印书馆，2012：1。

③　Heidegger, *The Basic Problem of Phenomenology*, trans. by Albert Hofstadter, Bloomington：Indiana University Press, 1982, p. 106.

一"主导问题"的轨道上。因为尼采将"强力意志"看作一切存在者的基本特征,即将"存在状态"(Seiendheit)定义为强力意志。因此,尼采既不是诗人哲学家,也不是生命哲学家,而是形而上学思想家。

不仅如此,"强力意志"也是尼采主要著作的名称,是尼采哲学的"主结构",《查拉图斯特拉如是说》只不过是尼采哲学的"前厅"。这样,海德格尔便确定了"强力意志"在尼采哲学中的双重地位:一方面是尼采哲学的终极事实,另一方面是尼采主要著作的名称。海德格尔认为,尼采以最明晰的方式谈到了哲学的主导问题,这已远远超越了之前的哲学家,由此表达了对尼采的接近。但这远远不够,因为还有一个哲学的"基础问题",即"什么是存在本身?",海德格尔本人才真正关注了存在本身的意义问题,从而与尼采拉开了距离。在海德格尔看来,哲学不是某种世界观,也不是某种认识论,而是生活的一项基本活动,这种基本活动是以此在为开端的对存在问题的追索①。只要人生存着,就对存在有所领会,只要人对自己的生存有所觉醒,存在问题就会发生②。正是基于这种哲学立场的差异,海德格尔以"争辩"(Auseinandersetzung)一词来刻画他与尼采的关系,它意指两种立场之间的鲜明对立,也隐含着通过争论寻求一种理解,进而达成一种意见的一致。"争辩乃是真正的批判。争辩是对某位思想家真实评价的最高的和唯一的方式。因为它能够沉思思想家的思想,并且能够深入追踪思想家的思想的有效力量——而不是追踪其弱点。这种沉思和追踪的目的何在呢? 是为了我们自身通过争辩而对

---

① Heidegger. *Phenomenologische Interpretationen zu Aristotles* (band 61),s. 80.

② Heidegger. *Metaphysische Anfangsgrunde der Logik im Ausgang von Leibniz*, Frankfurt am Main:Vittorio Klostermann GmbH, 1978, s. 18.

思想的至高努力保持开放。"①这样，在漫长的尼采解释之路中，海德格尔始终坚持将尼采置于哲学主导问题与基础问题之间的解释策略。

　　在海德格尔看来，强力意志是尼采对西方哲学主导问题的回答，这个回答只是初步性的，因为决定性的问题是作为存在意义的基础问题。但尼采最艰难的思想已经超出了主导问题，即通过"强力意志本身是什么，其情形如何呢？答曰：相同者的永恒轮回。"②这一问题而强调了基础问题。"当尼采在'观察的顶峰'上思考'最艰难的思想'时，他是在观察和思考存在，把存在亦即强力意志思考为永恒轮回。十分宽泛而本质地看，什么叫永恒轮回呢？永恒并不是一个停滞的现在（Jetzt），也不是一个无限地展开的现在序列，而是返回到自身中的现在——如果它不是时间的隐蔽本质又是什么呢？把存在即强力意志思考为永恒轮回，对哲学最艰难的思想作出思考，这意思就是说：把存在思考为时间。尼采思考了这个思想，不过，他还未曾把这个思想思考为关于存在与时间的问题。"③在此，海德格尔已经将尼采置入他早期基础存在论的问题视角来加以强调。在海德格尔看来，在尼采的强力意志哲学中，强力意志、永恒轮回与重估一切价值是密切联系在一起的，当他思考其中一个思想时，必然要思考其他两个。"谁如果没有把永恒轮回的思想与强力意志联系起来，把前者思考为真正地要在哲学上思考的东西，那么，他也就不能充分理解强力意志学说的形而上学内涵的全部意义。"④在这里，海德格尔表现出与当时一些理论家的争论，因为他们并没有把永恒轮回看作尼采的主要哲学思想，自然也没有看到尼采通过永恒轮回思想已经超越

① 海德格尔.尼采[M].孙周兴译.商务印书馆,2012:5-6。
② 海德格尔.尼采[M].孙周兴译.商务印书馆,2012:20。
③ 海德格尔.尼采[M].孙周兴译.商务印书馆,2012:21-22。
④ 海德格尔.尼采[M].孙周兴译.商务印书馆,2012:22。

了哲学的主导问题,而触及了哲学的基础问题。在整个尼采解释过程中,海德格尔始终以哲学"主导问题"与"基础问题"的双重视角来接近或疏离尼采,从而达到他克服传统形而上学,开辟未来哲学之路的目的。"海德格尔把哲学——形而上学的发生称为'第一开端',主导问题是存在者的存在,而他致力于开辟'另一开端',关注的则是基础问题,即存在的真理。在某种意义上说,海德格尔始终在为开辟另一开端做准备,或者说准备过渡。"①所以,我们甚至可以说,如果他的《存在与时间》是诠释亚里士多德结果的话,那么他的后期思想则是阐释尼采的结果。②

二、在解释性与解释学之间的尼采解释

作为人类历史上最具原创性的哲学家之一,海德格尔的尼采解释肯定不同于普通学者对尼采的理解,它不是亦步亦趋式、忠于文本的描述性解释,但也肯定不是天马行空式、出离文本的想象性解释,这便涉及海德格尔尼采解释的尺度问题。

我们通常所说的描述性解释就是读者清晰而又富有逻辑地描述出作者实际所说的内容。一个忠于文本的读者就像一个具有科学精神的历史学家,会客观地去理解过去历史所发生的事情,而尽量避免对各种事件的主观理解,这样的一种解释通过读者仔细的分析使文本有一个相对稳定的内容与意义。这便意味着文本自身具有一种固定的内容,可以使读者充分地理解它。如果按这种方式来评价的话,那么,海德格尔对尼采的阅读远远超出了尼采本人实际所说的内容。相比于一种对尼采思想的描述

---

① 张志伟. 轴心时代、形而上学与哲学的危机——海德格尔与未来哲学[J]. 社会科学战线,2018(09):29.

② Theodore Kisiel. *The Genesis of Heidegger's Being and Time*, Berkeley: University of California Press, 1993.

性阅读来说,海德格尔对尼采的解释似乎显得过于随意,将自己的一些解释框架强加到尼采的作品上,并且根据他的这种解释框架而得出关于尼采的诸种论断。所以,有时我们很难区分海德格尔是在阐述他自己的思想还是在评价尼采。海德格尔通过解释尼采文本而得出的很多论断都可以从尼采文本中举出反例而予以反驳,这些文本的意义明显不同于海德格尔的解释。如在海德格尔对尼采的"公正"概念的解释中表现得尤为明显。海德格尔在《尼采》中如是说,"即使在查拉图斯特拉时期,他关于公正的思想也得到了尽管很少量、但极为明确的表述。尼采当时没有把他有关'公正'的几个主要想法公诸于世。它们是一些简短的笔记,混杂在查拉图斯特拉时期的草稿里面。而在最后几年里,尼采对他所谓的公正完全沉默了"。① 按照海德格尔的观点,尼采在最后几年关于公正的本质几乎只字未提,但我们在尼采的作品中却能找到大量关于公正的讨论。如在写于查拉图斯特拉之后的《论道德的谱系》中多次论及了"公正",其中一处尼采将公正与怨恨以及整个道德历史联系起来,他写道:"这些虚弱者和无可救药的病态者们,这一点无庸置疑:'唯有我们是好人,正义之人',……在他们当中多的是装扮成法官的寻仇者,'正义'一词常挂嘴边,犹如一条有毒的流涎,那张嘴则总是嘬得尖尖的,总是预备对一切眼中并无不满、并未丢下好心情的东西吐口水。"②在《瞧,这个人》中尼采也有相同论述。而按照海德格尔的观点,尼采在查拉图斯特拉之后就没有讨论公正问题,这显然不符合事实,因为《瞧,这个人》与《论道德的谱系》都是在《查拉图斯特拉如是说》之后写就的。同时,从这些引文中我们也可得知,尼采并没有将公正与真理的本质联系起来,它并不是像海德格尔所说的是一个形而上学

① 海德格尔.尼采[M].孙周兴译.商务印书馆,2012:659。
② 尼采.论道德的谱系[M].赵千帆译.商务印书馆,2016:143-144。

概念,它只是普遍道德的一部分。

很显然,海德格尔对尼采的阅读不是那种描述性的、忠于文本的阅读,我们似乎可以将它理解为一种解释性的阅读。这种阅读试图超出这种描述性的阅读方式,并且有所创造。从这种意义上说,海德格尔创造了一个尼采的理论。尼采也曾说过,没有事实只有解释。尼采本人的这种说法为海德格尔的这种解释性阅读提供了依据。也就是说,一个文本的真实内容是解释者解释的结果,这种解释不是发现它的意义而是创造它的意义。文本对解释者来说是开放的,任何一位读者都可以在其中找到他想要的东西。如在"作为认识的强力意志"讲座中,海德格尔对尼采的真理与公正问题就作出了相当具有创造性的论断:他把尼采的真理判定为价值与公正,将道德看作是一个形而上学的概念,反映的是真实世界与虚假世界之间的一种形而上学区别。这些论断是海德格尔超越具有普遍意义与严格的逻辑论断阅读的明确证据。海德格尔关切的首要文本是尼采的遗著《强力意志》,他在其中挑选一些尼采的残篇,并认为这些段落才是尼采关于公正的本质性评论。他在尼采那里发现,公正是一个形而上学概念,而不是一个道德的或历史性的概念。这在第21节的开头有所表达,"从历史学角度看,我们可以指出,尼采是在他对前苏格拉底形而上学的沉思中,特别是在对赫拉克利特形而上学的沉思中,突然有了这个思想。然而,恰恰是这个关于公正的希腊思想在尼采那里点燃,并且贯通他整个思想越来越隐而不显地继续燃烧,不断地激励着他的思想——这个事实的根据并不在于尼采那种对前苏格拉底哲学的'历史学的'研究中,而在于这位西方最后的形而上学家所服从的历史性规定中"①。

但海德格尔不会把他对尼采的阅读看作是一种解释性的创

① 海德格尔.尼采[M].孙周兴译.商务印书馆,2012:659。

造性阅读,不会认为自己创造了一个与众不同的尼采形象,因为这样必然导致相对主义,这是海德格尔所反对的。他更愿意承认自己是在尝试一种关于尼采的解释学阅读。解释学试图找寻出深埋在文本中的言外之意,这种含义可能是作者本人根本没有意识到的。海德格尔声称,他的目标就是思考尼采未曾思考的东西,他比尼采更好地理解尼采。他通过对尼采细致的、解释学的文本阅读,探求文本中所蕴含的深层连续性,即与哲学史上的伟大哲学家思想路径的内在连续性,从而反映一种更为深层的历史结构。这种方法显然有别于前两种解读方式。例如,海德格尔并不以逻辑论证的方式来说明尼采的“真理是一种价值”,而是表明尼采作为价值的真理与历史上的伟大哲学家们关于真理思考的内在连续性与同构性。

　　在海德格尔看来,他讲授尼采并不是亦步亦趋地向我们介绍尼采。用他的话来说,重要的不是尼采是谁,重要的是尼采将是谁。所以,有关尼采的研究材料对他的解释来说都没有太多意义,因为他思考的是存在问题,尼采对这个问题既富有洞见,又无能为力。他将尼采置于宏大的西方哲学传统中考察,置于追问存在问题的宏大语境中去考察,强调尼采对整个哲学史的意义。也就是说,海德格尔根本不是面向普通读者去阐释尼采的,他并不想增加一本关于尼采哲学细节问题的学术专著,他是从整个哲学史的高度来讨论尼采。在他整个尼采解释过程中,海德格尔总是将尼采与前苏格拉底哲学家、柏拉图、亚里士多德、康德、黑格尔、笛卡尔、莱布尼兹这些具有划时代意义的哲学家联系到一起展开论述,总是将尼采与构成形而上学的本质要素联系在一起展开论述,总是将尼采与他的存在之历史联系在一起展开论述。在海德格尔看来,问题的关键并不在于探究尼采的自我理解,而是根据对尼采的探讨达到对存在问题的理解。海德格尔所要阐述的问题是:一方面,尼采如何适应了西方哲学的传统，他的哲学是如何由这个传统所决定的。另一方面尼采又如何规定了这一传统，不管尼采对这一点是否理解。由此将尼采的沉思置于这样一个前提之下：从我们这个时代来看，西方的传统在尼采哲学中汇集起来并最终完成。这样，对尼采的探讨就变成对整个哲学史的探讨。在此意义上，在海德格尔看来，他理解的尼采才是真实的尼采，他的尼采解释才具有客观的真理性。

但从整个尼采解释来看，海德格尔的尼采阅读似乎在解释性阅读与解释学阅读两者之间寻求一种平衡，即在探求尼采哲学的隐微之义的解释学阅读与将他自己的思想强加给尼采的解释性阅读之间寻求一种平衡。就解释学阅读来说，海德格尔的尼采解释不仅把尼采提升到一个真正哲学家的高度，而且指出了尼采哲学的基本问题，即尼采与柏拉图主义的关系。但就他的解释性阅读来说，当海德格尔把尼采认作颠倒的柏拉图主义者时，他又把尼采哲学的意义降到了最低点。海德格尔甚至无视尼采著作的完整性，断章取义地抽取尼采的格言、段落为自己的论证目的服务。所以，当我们阅读《尼采》时，常常会不知道海德格尔是在阐述自己的哲学思想还是在评论尼采的哲学。很显然，海德格尔并不打算提供一个关于尼采思想的全貌，只是试图如何将尼采的一些主要哲学概念为自己所用。海德格尔更不打算提供一个忠于文本的关于尼采的注释，他的解释目的是多方面的，但最为根本的目的是为一种后形而上学或非形而上学理论创造条件，即在西方形而上学终结后来重新思考哲学的本质问题。在海德格尔看来，对尼采形而上学的思考能够使我们更好地理解当今人类的生存处境问题与更好地思考存在本身之真理问题。因此，对于形而上学根基的清理，则显得尤为必要，即通过对尼采形而上学的反思来追问"什么是形而上学未曾思考的"。

三、在对峙与对话之间的尼采解释

海德格尔把讲授尼采看作是在与尼采争辩,这便决定了海德格尔对待尼采既对峙又对话的双重态度。在海德格尔看来,尼采的主要思想并没有在他公开发表的著作中出现,这些思想只是以一种未曾言明的、没有得到精心阐释的方式出现,只有通过他的努力才能把尼采隐藏的深意挖掘出来。于是,海德格尔从尼采格言式的文稿中挖掘出了构成哲学根本学说的本质要素,揭示出这种多样性之下的内在统一性,这些要素在尼采那里是按照一种特殊的方式表达出来的,表面看来可能是断断续续、模糊不清的,实则有其内在的统一性,只是还没有人把它揭示出来,而海德格尔自认为他揭示出了尼采哲学的内在统一性。这种统一性由五个形而上学的基本要素构成,即强力意志、永恒轮回、虚无主义、公正与超人,将尼采视为形而上学的完成者与虚无主义的终结者,进而对整个形而上学史进行彻底清算。这是海德格尔与尼采哲学的最高对峙性存在。诚如巴姆巴赫所说,"通过与尼采的这种对峙,海德格尔希望不仅仅对尼采的思想,而且也对作为一个整体的西方哲学史,提供一种详细、全面和批判性的解释。"①

但海德格尔这种将尼采哲学的多样性归结为一种统一性的做法并不意味着他对尼采哲学的立场是一贯的,而是复杂的、多维的、不断变化的,是在对峙与对话之间不断的摇摆。这既与他的存在历史之思有关,也与当时的社会历史环境有关。在某种程度上,如果说海德格尔选择亚里士多德作为他哲学探索的起点的话,那么他选择尼采则是作为他哲学探索的转折点。所谓"转

① 巴姆巴赫.海德格尔的根——尼采,国家社会主义和希腊人[M].张志和译.上海书店出版社,2007:374。

折点"即是由"此在"之思转向"存在历史"之思。当然,海德格尔并不认为他选择尼采是主观任意的,而是存在之追问本身促使海德格尔与尼采相遇。这样,尼采最终在海德格尔那里扮演着终结形而上学传统与开启存在历史之思的双重角色。这样,海德格尔通过对尼采的阐释一方面消除了决定他早期思想的一些形而上学前提,使自己在开辟未来思想道路时始终保持一种警觉,激发与唤醒自己在解决存在问题时的思想灵感;另一方面,海德格尔的尼采阐释也证明了尼采哲学与形而上学传统的内在一致性,尼采如何由这个传统所决定并以怎样的形式最终规定了这一传统。这便决定了海德格尔与尼采之间隐匿的对话关系。

　　这种对话关系主要表现在与尼采哲学的共鸣以及对尼采哲学的辩护。一方面,海德格尔试图联系早期基础存在论对尼采哲学进行解释,从而表现出与尼采哲学的共鸣性。这体现在二者都试图与形而上学传统决裂,都返回到前苏格拉底哲学以寻求灵感并且都寻求一种不受理性概念束缚的"后形而上学的"哲学,都严厉批判后笛卡尔哲学的"客观主义"与随之而来的占主导地位的知识学问题。另一方面,海德格尔极力为尼采哲学的存在论性质作出辩护。例如,认为尼采相同者的永恒轮回思想不是自然科学的证明,不是无神论,不是泛神论,不是宗教,不是个人信仰自白,而是哲学,是关于存在者整体如何存在的论断,由此将永恒轮回学说从当时的流俗见解中拯救出来,并对其作出基本判定,"尼采形而上学的基本立场是以他的相同者的永恒轮回学说为标志的"①。又如,海德格尔在解释"强力意志"概念时,强调尼采不是诗人哲学家、生命哲学家、文化批评家,而是形而上学家;在解释尼采艺术观时,认为尼采对艺术的理解不是美学的,而是存在

---

① 海德格尔.尼采[M].孙周兴译.商务印书馆,2012:263。

学上的；在解释"复仇精神"时，认为这一概念既非道德的、亦非政治的，而是形而上学的。应该说，海德格尔对尼采哲学每一个主题的解释都是为了实现将尼采从同时代理论家中拯救出来的目的。

海德格尔与尼采哲学的"争辩"表明，两位思想家对 20 世纪乃至更长一段时间的哲学问题与人类生存境况有着共同的哲学关切，从而塑造了二者更加鲜明的哲学主题，使他们的哲学成为现代世界的一种预言。毫无疑问，这一"争辩"的首要意义虽然是对峙，但只有双方在对某一问题具有同一性的基础上才谈得上对峙。所以，两位哲学家的争辩是以他们具有共同的哲学关切为前提的。"他的思想过程除开无比尖锐的概念运用，在很大程度上与尼采一致。"①"尽管尼采没有明确地使用过'存在问题'这样的表述，但毫无疑问的是，存在作为一个问题同样贯穿了尼采哲学思考的一生。"②在某种程度上，尼采哲学是海德格尔哲学发展的隐匿原型，尼采似乎已经说出了海德格尔一直想说的一些东西：尼采的"上帝死了"道出了当代人的历史境况，它让我们深思这个世界为何变成了一个没有神性的世界，人的生存为何变成了没有神性的生存。而海德格尔则把这种状况称为"无家可归状态"，提出了"人诗意地栖居"的箴言，上演"天地神人"的四重奏，召回神性的世界；尼采认为，传统认识论意义上的真理只是人类生存的必要价值，而非最高价值，处于次级地位，艺术才是生命的最高价值。而海德格尔认为，传统认识论意义上的真理只是此在揭示存在者的一种方式，同样处于次级地位，艺术才是真理的存在之所；在艺术观上，二者都竭力使艺术脱离美学，使艺术本体

---

①　洛维特等.墙上的书写——尼采与基督教［M］.田立年、吴增定等译.华夏出版社，2004：116。

②　吴增定.尼采与"存在"问题——从海德格尔对尼采哲学的解读谈起［J］.云南大学学报（社会科学版），2010（4）：65。

论化。洛维特甚至说,"在《林中路》的讨论中(203 页,300 页),
就尼采的思想被理解为一种历史性思想而言,海德格尔变成了
尼采的一名姗姗来迟的学生。在他们两人那里,对后来者的意
识都转换成一种对未来的意志。尼采对超感性价值之衰落('真
实世界如何最终变成一种寓言')的历史—哲学的建构,被无保
留地接受,只是换了一下说法。虽然,海德格尔没有像尼采那样
明确地讲直到查拉图斯特拉出现才告结束的最古老'错误'的历
史,但是在这个问题上,他对整个过去的传统的立场,也是指向
关于这最古老错误的新开端与价值重估,就像人们在把存在者
当作存在者来思考时对存在本身所作的沉思那样"①。从这些角
度来看,尼采是海德格尔哲学的隐匿原型。只是在海德格尔存
在历史的意义上,尼采说得还不够多,不够透,所以他提出了"作
为形而上学家的尼采"的论题,以表明在他之前还没有人产生过
"存在之思"。同时,海德格尔也只有把此论题作为与他搏斗的
假想敌,才能使自己与形而上学保持距离,从而来保全他思想之
路的未来方向,即通过批判尼采哲学所表现出来的主体主义、意
志主义、形而上学与虚无主义,他能够始终警惕自己远离那些主
题,"中期海德格尔或者是错失了,或者更可能是抑制了他与尼
采共同具有的讨论话题。……尼采与海德格尔具有更多的共同
话题,至少要比海德格尔理解的或者说愿意承认的多"②。所以,
在海德格尔与尼采的"争辩"中,对峙与对话具有本质的辩证统
一性。

---

　　① 洛维特等.墙上的书写——尼采与基督教[M].田立年、吴增定等译.华夏出
版社,2004:119。

　　② Gregory Bruce Smith. *Nietzsche-Heidegger and the Transition to Post
modernity*. The University of Chicago Press, Chicago and London, 1996: pp. 230 -
231.

四、本书要解决的问题

海德格尔的尼采解释是 20 世纪欧陆哲学的重大思想事件，它以其对尼采文本强有力的贯通性、系统性与深刻性而具有开创意义，人们正是通过这一阐释将尼采视为伟大哲学家并进入尼采哲学的。这一解释虽然影响广泛，但在国内仍未有作者对这一问题作出系统全面的辨析。因此，探究这一问题的内在关联，无论对于我们理解海德格尔哲学还是尼采哲学乃至整个现代西方哲学都具有十分重要的学术意义。

本书力图提供海德格尔尼采解释的整体图景，揭示海德格尔尼采解释的根本关切，阐明海德格尔与尼采思想之间关系的主要线索。全书共分为上、下两篇。上篇集中于对海德格尔尼采解释的系统阐述，展现这一解释的主要线索与思想全貌。下篇集中于对海德格尔尼采解释的全面评析，多维度揭示这一解释可能达到的理论指向。上篇立足于文本，强调对文本内容与内在逻辑的分析，主要阐述"作为艺术的强力意志""相同者的永恒轮回""作为认识的强力意志""欧洲虚无主义"四个主题，对海德格尔尼采解释的基本思路与基本论点作出充分论证，理清每一主题思想的内在逻辑思路，强调文本解读的清晰性与系统性，呈现海德格尔尼采解释的严格性与统一性。

下篇集中对这一阐释内容的全面评析，即对海德格尔尼采解释的政治背景、文本背景、历史效应、尼采谱系学与海德格尔现象学之共通性，以及尼采对海德格尔后期思想的影响作出全面评析。在现代西方哲学视域下强调在海德格尔尼采解释框架之外，阐明尼采哲学的非形而上学性与二者之间思想谱系的共通性，揭示出尼采在海德格尔思想的"转向"中的作用，并由此从海德格尔返回到尼采哲学自身，尝试对两位哲学家共同的哲学关切作出总结。

上篇　内容阐释

第一章　海德格尔的尼采阐释之路

　　1936 年,海德格尔在尼采讲座中以铮铮之言宣称尼采是一位真正的哲学家,从而悬置了同时代人关于尼采的种种预设。以此为起点,海德格尔踏上了他长达 20 年的尼采阐释之路。但这并不意味着他对尼采哲学的态度始终是清晰而一贯的,恰恰相反,而是充满着曲折与矛盾。本章旨在展示海德格尔尼采解释的思想道路,阐述每次讲座的内容、结构与背景,强调海德格尔对尼采的历史性理解,将海德格尔的尼采阐释纳入 20 世纪 30 年代至 50 年代的历史语境之中,从而展现海德格尔尼采解释的立场、观点、态度的转变。

　　从海德格尔的整个学术发展历程来看,在 1936 年以前,海德格尔尽管也将尼采视为一位严肃的哲学家,不过很少把他当作自己阐释的对象[①]。从 1936 年起,海德格尔开始公开讲授尼采,这种讲授是一个历经十余年、变换不同角度、进行不断尝试的过程。1961 年,海德格尔将关于尼采的系列讲座与论文集结成书,最终

---

　　① Jacques Taminiaux. on Heidegger's Interpretation of the Will to Power as Art. *New Nietzsche Studies*, 1999(3), pp. 1 - 22.

形成了《尼采》巨著①。"这些讲座对纳粹主义有着隐晦的批判,他试图挽救尼采,不让尼采再被用来支持种族主义信条和行径。"②考虑到海德格尔讲授尼采的时间跨度如此之长,以及他的讲座内容与当时政治、军事与历史事件密切相关,记住这些讲座与论文的时间则显得尤为必要。就《尼采》一书来说,全书共分为十章:第一章《作为艺术的强力意志》是1936—1937年冬季学期的讲座,论述的是尼采强力意志概念的存在论特征以及尼采艺术观的本体论特点。第二章《相同者的永恒轮回》是1937年夏季学期的讲座,它论证了作为尼采哲学根本学说的永恒轮回思想。第三章《作为认识的强力意志》是1939年夏季学期的讲座,它是从哲学认知的角度来讨论尼采哲学。以上三章是《尼采》上卷包括的内容。第四章《相同者的永恒轮回与强力意志》原本与1939年夏季学期的讲座是一体的,但由于1939年6月学期提前结束,讲座也就此中断,在出版时海德格尔将其放在下卷,它探讨的是强力意志与永恒轮回之间的关系,实际是对以上三次讲座内容的总结。第五章《欧洲虚无主义》是1940年第二学期的讲座,这涉及海德格尔与尼采哲学争辩的核心问题。第六章《尼采的形而上学》是在1940年准备的一个讲座,但由于各种原因未能实现③。第八章《作为存在历史的形而上学》、第九章《关于作为形而上学的存在历史的草案》、第十章《回忆到形而上学中去》是写于1941年的三篇文章。第七章《对虚无主义的存在历史规定》是写于1944—

①　斯退芬·京泽尔等人制作了一个非常完备的"海德格尔文本中的尼采语词索引",即在海德格尔文本中所涉及的所有尼采名录,这为人们进行相关研究提供了较大方便。详见阿尔弗雷德·登克尔等编,《海德格尔与尼采》,孙周兴、赵千帆等译. 商务印书馆,2015年,第43-120页。

②　迈克尔·英伍德. 海德格尔[M]. 刘华文译. 译林出版社,2013:5-6。

③　讲座《尼采的形而上学》曾预告要在1941年至1942年冬季学期进行,但并未举行。讲座的手稿定于1940年。

1946 年的文章。这样《尼采》(上、下卷)便是 1936 年至 1946 年海德格尔关于尼采问题的全部。另外还有一个与这部巨著的内容极不相称的简短前言①。除此之外,海德格尔关于尼采的论著还有:1936 年的《形而上学之克服》;1943 年的《尼采的话:上帝死了》,在这篇文章中,海德格尔赞扬了尼采表现出的对传统形而上学的批判性,然而他的这种突破却立即被强力意志与永恒轮回给封闭了,但尼采将存在解释为强力意志已经实现了哲学的极端可能性;1953 年的《谁是尼采的查拉图斯特拉?》与《什么叫思想?》这两篇论著具有与《尼采》完全不同的特点,体现了海德格尔对尼采理解的新方向。"总之,海德格尔论尼采的著作与论存在历史或者说哲学终结的著作之间是具有某种联系的。"②在十多年的尼采解释中,海德格尔没有固着于一种单一的哲学视角,而是以不同的哲学主题不断指向新的思想视域,又从各种不同的角度展示各个主题。这一切都发生在海德格尔思想之路发展的不同阶段。"这些讲座远远不是从一个'海德格尔的'视角来对尼采哲学提供一个'统一的'进路,它们提供的是对从 1936 年到战争末期这些关键年份里在海德格尔思想中发生的一些转变、转向、偏移和盘旋运动的一份文本记录。"③

相比于海德格尔对柏拉图、亚里士多德与康德的解释来说,他对尼采的阐释显得更为复杂而曲折。这种复杂性表现在多个层面上:从海德格尔个人方面来说,20 世纪 30、40 年代,他的思想

---

①　对此,奥托·珀格勒认为,当海德格尔在 1961 年出版他关于尼采的讲座与研究著作时,他试图在前言中描绘尼采对自己思想道路的意义,不过失败了。参看 Otto Pöggeler, *Nietzsche, Hölderlin und Heidegger*, in: Peter Kemper (hrsg.), *Martin Heidegger-Faszination und Erschrecken*, Frankfurt am Main/NewYork, 1990, s. 183。

②　恩斯特·贝勒尔. 尼采、海德格尔与德里达[M]. 李朝晖译. 社会科学文献出版社,2001:16。

③　巴姆巴赫. 海德格尔的根——尼采,国家社会主义和希腊人[M]. 张志和译. 上海书店出版社,2007:372。

经历了一个重要的转变;1933 年他以大无畏的精神投入现实的政治运动,但一年后即宣告失败①;从历史背景来看,海德格尔讲授尼采期间经历了第二次世界大战的爆发与德国纳粹的灭亡;从尼采角度来讲,他的学说经历了大众的误解与纳粹政权的滥用。正是尼采阐释中的这种复杂情境使海德格尔对尼采学说的立场表现得异常曲折,大致经历了一个"肯定—批判与拯救—拒绝—妥协与开放"的过程②。因此,海德格尔对待尼采哲学的立场很大程度上受外在历史事件的影响,但这并不意味着海德格尔尼采阐释完全缺乏理论纯粹性,这里只是要强调尼采讲座的复杂性。

第一节 肯定:从《存在与时间》到校长就职演说

在 1934 年以前,海德格尔是以完全肯定的态度来看待尼采

---

① 关于对海德格尔思想中政治维度的评价可参见 Michael E. Zimmerman. *The Thorn in Heidegger's Side. The Question of National Socialism*, in: *The Philosophical Forum*, 1989(20), pp. 326 - 365。

② 正是因为海德格尔尼采解释中立场的非一贯性使人们对海德格尔前后期的尼采讲座持不同观点。奥托·柏格勒认为,与后期的尼采讲座相比,海德格尔的前期讲座更接近于尼采的思想。汉娜·阿伦特认为,《尼采》上下卷之间的哲学立场存在着明显的断裂,这种断裂表明海德格尔对尼采的解释受到外部社会环境的影响。沃尔夫冈·穆勒·劳特尔则认为,海德格尔与尼采之间的观点则一直是相左的。米切尔·哈尔则认为,海德格尔在《尼采》第六章即"尼采的形而上学"中简化了早期尼采讲座的复杂性。关于这方面的内容可参看, Otto Pöggeler. *Der Denkweg Martin Heideggers*, Pfullingen,1990, s. 108; Hannah Arendt. *ortet einen klaren Bruch zwischen N Ⅰ und N Ⅱ* (Hannah Arendt, *Vom Leben des Geistes. Das Denken. Das Wollen*, hrsg. von Mary McCarthy, München 1998, s. 400). Dagegen betont Wolfgang Müller-lauter die kontinuierliche Distanzierung Heideggers von Nietzsche(Wolfgang Müller-lauter. *Heidegger und Nietzsche. Nietzsche-interpretationen* Ⅲ, Berlin/NewYork, 2000, s. 29). Michel Haar. *Critical remarks on the Heideggerian reading of Nietzsche*, in: Christopher Macann (Hrsg.), *Critical Heidegger*, London/New York, 1996, pp. 121 - 133.

哲学的。这种肯定态度表现为对尼采强力意志学说的理论认同与以个人政治参与的方式所表现出来的实践认同①。尽管海德格尔于 1936 年才开始公开讲授尼采,但他接触与理解尼采的时间要比这早得多。"人们习惯于将海德格尔在 30、40 年代的尼采讲座看作既是他发现尼采的标志——'尼采对海德格尔成为决定性的'——也是他思想发生巨大转变的标志。但海德格尔发现尼采却是在尼采讲座很久以前。"②现有研究材料可以证明,海德格尔在弗莱堡期间(1909—1914 年)就仔细研读过尼采,在教职论文(1915 年)中海德格尔也明确提到了尼采哲学③。在 1925 年的《时间概念史导论》中,海德格尔说,现象学应该"与哲学中的所有预言相对,与所有要成为某种生活指导的倾向相对,而支持走这一条探索性的道路。哲学研究从来都是并依然是无神论的,因此它才能让自己大胆去作'思想的僭越'(Anmassung),不仅是它要去进行这种僭越,而且这种僭越还是哲学内在的必需和原本的力量,而正是缘于这种无神论,哲学才会成为一位伟人所说的'快乐的科学'"④。在 1927 年《存在与时间》第 53 节"对本真的向死存在的生存论筹划"中,他引用了尼采《查拉图斯特拉如是说》中的"论自由之死";在第 76 节"历史学在此在历史性中的生存论源头"中,他引用了尼采的《不合时宜的考察》第二部,认为关于历史学对生命的用处与滥用,尼采"认识到了本质的东西",同时,"他领会的比他昭

----

①　这里需要说明的是,海德格尔受尼采影响最强烈的时期恰恰是这一时期,其集中表现就是 1933 年以大学校长身份介入纳粹政权。而 1936 年后漫长的尼采讲座则是对尼采的反思与重新定位。本书第六章主要处理这一问题。

②　Gregory Bruce Smith. *Nietzsche-Heidegger and the Transition to Post modernity*. The University of Chicago Press, Chicago and London, 1996, p. 227.

③　Michel Haar. *Critical remarks on the Heideggerian reading of Netzsche*. Martin Heidegger. Critical Assessments II. edited by Christopher Macann. Routledge: Londonand New York, 1992, p. 290.

④　海德格尔. 时间概念史导论[M]. 欧东明译. 商务印书馆,2009:106。

示出来的更多"①。但总体而言,这一时期,海德格尔对尼采哲学的理解遵循新康德主义的解释路径,将尼采视为生命哲学家。

但正是在《存在与时间》中,我们真正看到了尼采思想的影子:海德格尔认为,以往哲学概念与真理都已失效,应重新追寻存在的意义问题,真正具有存在之意义的只有此在本真之生存,即在—世界之中—存在;而尼采则认为,以往价值都已贬黜,应重估一切价值,真正具有价值的是强力意志。这是他肯定尼采的明证,而且这种肯定态度以海德格尔担任大学校长一职而达到顶峰。"使海德格尔提出存在问题并因而走向与西方形而上学相反的问题方向的真正先驱,既不能是狄尔泰,也不能是胡塞尔,最早只能是尼采。海德格尔可能在后来才意识到这一点。"②从校长就职演说的内容以及他就任校长之职这一现实行为本身来看,正是在《存在与时间》出版以后,尼采才成为海德格尔的决定性选择,他将尼采作为自己的英雄榜样,通过重演尼采关于真实历史的理解,使自己在此在的历史性结构中获得了决定性内容。在海德格尔的政治参与中,尼采与他的基础存在论和德国的现实状况交织在一起,并且这种交织已经在国家社会主义的现实运动中产生了效果。

这种肯定态度首先在海德格尔对同时代其他作品的评述而表现出来。当时著名作家荣格尔的作品在国家社会主义运动中引起很大反响。海德格尔认为,荣格尔的作品是对尼采思想的最忠实表达。在荣格尔所描写的社会中,工人就是士兵,士兵就是工人,战争与和平的界限被抹平了,和平即是为了准备下一次战争。这一切都是为一种新型国家做准备,它足以对抗资本主义的虚无主义状态。海德格尔认为,荣格尔对总动员与工人社会的强

---

① 海德格尔. 存在与时间[M]. 陈嘉映、王庆节合译. 生活·读书·新知三联书店,2006:447-448。

② 伽达默尔. 真理与方法[M]. 洪汉鼎译. 上海译文出版社,1999:331。

调、对现代资产阶级种种价值规范的批判无疑预示了一个新时代的来临,德意志民族正要经历一场伟大的生存论变革。这种肯定态度还表现在海德格尔对尼采哲学中诸种概念充分的理论认同上。尼采的超人超越善恶,是法律与道德的主宰。海德格尔"有决心的此在"摒弃以往价值规范,从常人(das Man)状态超越出来。尼采的超人与末人,在海德格尔那里演变为此在的本真状态(Eigentlichkeit)与非本真状态(Uneigentlichkeit)。前者无比优越,代表了超脱、自治,只有精英人物方可达到,后者是大多数人的平庸状态。在现实政治中,超人与此在的本真状态则化身为领袖原则,而末人与此在的非本真状态则演变为大多数的追随者。二者都体现了对未来人类理想类型的召唤与对现代资本主义种种价值观念的蔑视:超人就是人的本真此在,就是"稀罕者",就是英雄,而末人就是常人状态,就是资产阶级的利己、算计。他们进入本真状态而获得拯救的唯一希望就是精英人物的召唤,在尼采那里是超人,在海德格尔那里则是元首,"元首他本人,并且惟独他一人,才是当今与未来德国的现实性,也是其权威"①。

在尼采看来,上帝已死,以往的一切价值都已失去塑造历史的能力,应重估一切价值,他就此提出了自己的强力意志哲学。而海德格尔认为,德意志民族的本真此在的决断时刻即将来临,它将重塑新价值。而他的决断论②可以看作是意志论的一种变式。决心暗含着意志选择的自由,它冲破常人状态,反对以往的价值规范,而这与尼采的英雄主义理想不谋而合。决心可以使此在与他人本真共在,这样,作为一个集体的德意志民族在决心状

---

① 转引:维克托·法里亚斯.海德格尔与纳粹主义[M].郑永慧等译.时事出版社,2000:110。

② "决断"通常对应的德文是 Entscheidung,主要是施米特的政治哲学概念。《存在与时间》使用的是 Entschlossenheit,陈嘉映译为"决心",二者具有思想的一致性。洛维特最早指出了海德格尔哲学与施米特政治决断论(Dezisionismus) (转下页)

态下能够本真能在。"为同一事业而共同戮力,这是由各自掌握
了自己的此在来规定的。这种本真的团结才可能做到实事求是,
从而把他人的自由为他本身解放出来。"①从此在到共在的过渡预
示了一个集体也可以在生存论上实现本真能在的可能。决心不
仅是一个个体的选择,在天命的感召下,决心也同样可以是一个
民族的选择。海德格尔就任校长一职是"个体本真能在"在具体
历史条件下的实现,而国家社会主义则是集体此在的本真状态,
二者都可以看作是《存在与时间》中生存论构建的完满实现。如
果将海德格尔就任校长与国家社会主义运动看作此在与集体共
在的本真状态,那么,此在在克服常人状态过程中,由非本真状态
过渡到其本真状态,这种过渡必须拥有具体意义的标准,因为只
有此在将自己嵌入某种特定的历史情境之中,才不至于使此在的
自我决断陷入空疏性与封闭性,使之在面对生存世界时具有确定
的根据。这个标准就是海德格尔时间性下的"瞬间"与"历史性"
概念。而这两个概念在尼采哲学中都有其原始痕迹。海德格尔
为克服常人状态下的流俗时间而强调瞬间,"这是由于人们接受
内在的惊恐的眼下瞬间,它自身携带着各种秘密,而且赋予人生
此在以它的伟大"②。瞬间才是此在面对具体的历史境况而展开
其本真能在的机缘。海德格尔的"历史性"概念是"时间性"概念
的变式。《存在与时间》的"历史学在此在历史性中的生存论源

(接上页)的一致性(见洛维特《纳粹上台前后我的生活回忆》,区立远译,学林出版社,
2008年,第41页)。卫茂平在中文翻译上做了更精细的区分:Dezisionismus(决断主
义)、Dezision(决断)、Entscheidung(决定)与 Entschlossenheit(断然),可参见《决定:论
恩斯特·云格尔、卡尔·施米特、马丁·海德格尔》(上海人民出版社,卫茂平译,2016
年)中"决断主义视阈下的德国三哲(代译序)"。

① 海德格尔. 存在与时间[M]. 陈嘉映、王庆节合译. 生活·读书·新知三联书
店,2006:142。

② 转引:吕迪格尔·萨弗兰斯基. 海德格尔传[M]. 靳希平译. 商务印书馆,
1999:239。

头"一节提到了尼采关于历史学的观点。海德格尔赞许地说:"从他的《考察》的开端处就可推知他领会的比他昭示出来的更多。"①总之,海德格尔将尼采理解为传统形而上学的颠覆者与破坏者,认为尼采的超人哲学蕴含着克服欧洲虚无主义的伟大理想。

海德格尔对尼采的绝对肯定态度在他就任大学校长这一事件上得到最充分体现。在就职演说中,海德格尔将《存在与时间》中的决心、忠诚、命运、本真性与历史性等诸范畴移植到当时的历史语境之中。个体此在的本真状态演变为德意志民族集体此在的本真决断,国家社会主义运动则是一场克服常人状态的本真性政治运动,在这场运动中德意志民族作出的是一种生存论决断,为自己的未来选择一个本真的历史性方向,从而确定自己的生存论根据。此在与民族共同体紧密地联系起来,这种联系使有决心的此在在德意志民族特定的历史境况中实现自己的本真能在。现实的历史境况应验了尼采的预言,一切都已失去了意义,虚无主义时代已经到来。尼采的超人与强力意志思想是对欧洲千百年来萎靡人性与德国软弱的民主政治的一种拯救,只有德意志此在的本真能在方可克服欧洲虚无主义。"惟有在我们重新服从我们精神—历史性此在之开端的力量之时。这个开端就是希腊哲学的突然开启。……这个开端仍然存在。开端并非作为遥远的过去处在我们身后,而是站在我们的面前。……开端已经闯入我们的未来,它站在那里,遥遥地主宰我们,命令我们重新把握它的伟大。"②国家社会主义运动为海德格尔重新确立存在与人的关系提供了一种可能性。像尼采一样,海德格尔自视为德国精英主义阶层,而不是民主制度下平庸无为的芸芸众生,他对整个资本主

---

① 海德格尔. 存在与时间[M]. 陈嘉映、王庆节合译. 生活·读书·新知三联书店,2006:447-448。

② 博雅编. 北大激进变革[C]. 吴增定、林国荣译. 华夏出版社,2003:219-220。

义种种价值观念诸如民主、平等、自由等一概拒绝。尼采区分了
积极虚无主义与消极虚无主义。资本主义种种堕落价值观念就
是"消极虚无主义"的生动体现,那些芸芸众生就是寄生在处于瓦
解衰败中的西方传统价值观念中的消极虚无主义者。海德格尔
认为,他的政治参与真正体现了尼采的"积极虚无主义",给各种
行将就木的腐朽价值规范以致命一击。他就是尼采所说的具备
各种优秀性格特点的积极虚无主义者。

第二节　批判与拯救:海德格尔的双重任务

　　海德格尔尼采解释的第二个阶段始于 1934 年他卸任大学校
长之职,1936 年的《形而上学之克服》与《作为艺术的强力意志》开
始传达了一种对尼采日益增强的批判姿态。其原因一方面是由
于他误解了希特勒所领导的国家社会主义,另一方面是由于尼采
思想并不能被阐释为走向另一开端的通道,海德格尔也因此经历
了一次精神危机。[①]"从 1936 年到 1940 年,他总共开了四门有关
尼采的课。在所有的这些课里,他对尼采展开了极富细节的批
判,除此之外,他还通过这些课拉开了他与国家社会主义的距离,
而且这一距离越拉越大。"[②]尽管海德格尔也强调了尼采哲学与他
的基础存在论的共通性,尽管将尼采看作纯粹的哲学家,但他已
经将尼采归入了有待自己克服的形而上学完成者的行列。这种
批判姿态随着讲座的深入而越来越强烈,直到 1940 年《欧洲虚无
主义》与《尼采的形而上学》的讲座而达到顶峰。"在 20 世纪 30

---

① Otto Pöggler. *Friedrich Nietzsche und Martin Heidegger*, Bonn: 2002, ss.
14-16.

② 安东尼娅·格鲁嫩贝格. 阿伦特与海德格尔——爱与思的故事[M]. 陈春文
译. 商务印书馆,2010:208。

年代的一些时间里,海德格尔非常明确和果断地尝试过,要促使
国家社会主义革命转变成为对于技术工业虚无主义的替代方案。
1937 至 1938 年间他得出结论,自己彻底误解了希特勒和这场革
命,而且无法再支撑那套对尼采多有赞许的阐释了,此后他便放
弃了这第一条解释路径。"①与第一个阶段积极投入到国家社会主
义运动的行为相反,海德格尔把他后来的尼采讲座解释为一种与
国家社会主义的对抗。所以,从某种程度上来说,海德格尔个人
的政治命运以及当时的政治历史环境影响了海德格尔的哲学转
向。也就是说,除了从他反对前期主体形而上学的角度来理解
"转向"外,还应从他所处的政治环境来理解转向。具体来说,它
既是为了克服此在的主体形而上学,又是为了在哲学上对他政治
参与的失败作一种批判性反思:剔除前期尼采的影响,抛弃对其
的错误判断,重新对尼采加以定位,开辟自己的思想道路。

从 1935 年开始,海德格尔对尼采强力意志哲学持激烈的批
判态度,与前期哲学立场形成强烈反差。"从早期将尼采哲学解
读成构成了一种对抗虚无主义的运动,转向后来将它视作形而上
学虚无主义之最极端表现的那种[解读]。"②海德格尔认为,超人
哲学已经不能克服虚无主义了,而是虚无主义的最终完成。尼采
是西方形而上学的最终完成者。"尼采的学说把一切存在之物及
其存在方式都弄成'人的所有物和产物';这种学说只是完成了对
笛卡尔那个学说的极端展开,而根据笛卡尔的学说,所有真理都
被回置到人类主体的自身确信的基础之上。"③在 1934 年以后,海

① 米夏埃尔·E.齐默尔曼(Michael E. Zimmerman).《海德格尔尼采阐释的发
展》,载《海德格尔年鉴》第二卷:《海德格尔与尼采》,阿尔弗雷德·登克尔等编,孙周
兴、赵千帆等译.商务印书馆,2015 年,第 127 页。
② 巴姆巴赫.海德格尔的根——尼采,国家社会主义和希腊人[M].张志和译.
上海书店出版社,2007:444。
③ 海德格尔.尼采[M].孙周兴译.商务印书馆,2012:814。

德格尔认为,国家社会主义运动不再是与现代社会的决裂,而是现代社会的彻底表达。"人作为 animal rationale[理性的动物],现在也即作为劳动的生物,必定迷失于使大地荒漠化的荒漠中,这一点可以成为一个标志,标明形而上学从存在本身而来自行发生,并且形而上学之克服作为存在之消隐而自行发生。因为劳动(参看恩斯特·荣格尔:《劳动者》1932)现在进入到那种形而上学的地位中,即那种对一切在求意志的意志中成其本质的在场者的无条件对象化过程的形而上学地位。"①很显然,荣格尔已经作为尼采的同道人而被海德格尔所批判。"海德格尔的尼采阐释走上了一个新的方向,是在他阅读了关于恩斯特·荣格尔 30 年代的文章'总体动员'及他两年后的书《劳动者》之后。"②但海德格尔认为,荣格尔的工人社会理想并不是徒劳无功,人类必然置之死地而后生,荣格尔的世界图像实现了这样一种历史境况:人类的技术狂热已然达到了它的顶点,大地变成任人宰割的荒芜整体③。但哪里有危险,哪里必然就有拯救。这预示了始于柏拉图的将存在者错当为存在的形而上学观已经走到终点,这为存在历史的本源之思开辟了道路。"在存在能够在其原初的真理中自行发生之前,存在必定作为意志脱颖而出,世界必定被迫倒塌,大地必定被迫进入荒漠化,人类必定被迫从事单纯的劳动。"④海德格尔在这

---

① 海德格尔.演讲与论文集[M].孙周兴译.生活·读书·新知三联书店,2005:69。

② 米夏埃尔·E.齐默尔曼(Michael E. Zimmerman).《海德格尔尼采阐释的发展》,载《海德格尔年鉴》第二卷:《海德格尔与尼采》,阿尔弗雷德·登克尔等编,孙周兴、赵千帆等译.商务印书馆,2015 年,第 126 页。

③ 米夏埃尔·E.齐默尔曼(Michael E. Zimmerman)在《海德格尔尼采阐释的发展》一文中强调,海德格尔的尼采解释受到恩斯特·荣格尔作品的强烈影响,使海德格尔由最初的将尼采视为形而上学之克服的引路人转变为之后将尼采视为现代技术形而上学的完成者。可参见,《海德格尔年鉴》第二卷:《海德格尔与尼采》,阿尔弗雷德·登克尔等编,孙周兴、赵千帆等译.商务印书馆,2015 年,第 125 - 147 页。

④ 海德格尔.演讲与论文集[M].孙周兴译.生活·读书·新知三联书店,2005:70。

一时期关于尼采的论著可以视为对其前期尼采的激烈反击。在1935年,海德格尔说道:"'形而上学'始终是表示柏拉图主义的名称,这种柏拉图主义在叔本华和尼采的阐释中向当代世界呈现出来。……这样一种形而上学之克服,尽管是在一种更高的转换中发生的,但只不过是与形而上学的最终牵连而已。……它只不过是对存在之被遗忘状态的完成,对作为强力意志的超感性领域的释放、推动。"①这种严厉的批判态势在《欧洲虚无主义》与《尼采的形而上学》两个讲座中达到极致。

这种批判态度在《形而上学导论》、《形而上学之克服》与《作为艺术的强力意志》中清晰可见,这三篇论著是在1935年与1936年写就的。他在《形而上学导论》中这样评价尼采:"甚至尼采而且恰恰是尼采完全是在价值的思路中运思的。……被卷入价值的想法之迷乱中,不理解价值想法值得追问的来源,就是为什么尼采没有达到哲学的本真中心的根由。"②在《形而上学之克服》中,"随着尼采的形而上学,哲学就完成了。这意思是说:哲学已经巡视了预先确定的种种可能性范围。完成了的形而上学乃是全球性思想方式的基础;这种完成了的形而上学为一种也许会长期延续下去的地球秩序提供支架"③。在《作为艺术的强力意志》的讲座中,海德格尔更是开门见山地指出:"作为形而上学思想家的尼采。"与对尼采的总体批判立场相应,海德格尔对超人、元首、大地、战争等概念也作了另一种理解。超人与末人已不再是尼采所倡导的、等级分明的积极虚无主义者与消极虚无主义者,"末人与超人乃是同一个东西;它们是共属一体的,正如在形而上学的

① 海德格尔. 演讲与论文集[M].孙周兴译.生活·读书·新知三联书店,2005:79。
② 海德格尔. 形而上学导论[M].熊伟、王庆节译.商务印书馆,2010:198。
③ 海德格尔. 演讲与论文集[M].孙周兴译.生活·读书·新知三联书店,2005:83。

animal rationale[理性动物]中,动物性的'末'(Unten)与 ratio[理性]的超(über)是紧密结合而相互吻合的"①。元首已不再是超人的典范,"他们乃是以下事实和必然结果,即:存在者已经过渡到迷误方式中,在此迷误中散布着一种空虚(die Leere),后者要求存在者的一种独一无二的秩序和可靠性保障。这其中就要求有'领导'的必然性了,亦即对存在者整体之保障的有所规划的计算的必然性"②。战争与总动员已不再是理想社会的新标志,"'世界战争'及其'总体性'已经是存在之被离弃状态的结果。"③"大地(Erde)显现为迷误之非世界(Unwelt der Irrnis)。大地乃是存在历史意义的迷误之星。"④在海德格尔那里,这一切已经不是虚无主义的对抗力量,而是虚无主义的完满实现。

在这里,我们将第二阶段海德格尔阐释尼采的立场规定为"批判",而不同于第三阶段"完全拒绝"是因为:在这一阶段中,海德格尔基于存在历史之思来批判尼采形而上学立场的同时,他仍然保持着对尼采哲学的理论认同,表现出与尼采哲学诸论域的强烈共鸣,从理论上将自己与尼采从国家社会主义的理论泥沼中拯救出来。"通过对已出版作品的概括,海德格尔能够使尼采脱离纳粹宣传家的恶名,同时也为他在哲学内部赢得一个位置。"⑤首先,海德格尔表现出将尼采从国家社会主义运动中拯救出来的理论意图。在理论上,国家社会主义运动的"内在真理与伟大性"与当时现实的政治运动是相对立的:前者从理想上可能预示了一种尼采所倡导的对欧洲虚无主义的抵抗运动,而后者在现实上则是

① 海德格尔.演讲与论文集[M].孙周兴译.生活·读书·新知三联书店,2005:94.
② 同上书,2005:97。
③ 同上书,2005:95。
④ 同上书,2005:100。
⑤ Gregory Bruce Smith. *Nietzsche-Heidegger and the Transition to Post modernity*. The University of Chicago Press, Chicago and London, 1996, p. 230.

虚无主义的彻底实现。当时的理论家们如贝姆勒等人已经将尼采的学说彻底歪曲,将这种运动的哲学根基的内在真理性放逐到形而上学思维或日常思维中去。"所有这些著作都自命为哲学。尤其是今天还作为纳粹主义哲学传播开来,却和这个运动(即规定地球命运的技术与近代人的汇合的运动)之内在真理与伟大性毫不相干的东西,还在'价值'与'整体性'之间浑水摸鱼。"①

因此,这一时期,海德格尔对尼采的态度并非是单向度的,而是双重的。在对尼采哲学的批判之中蕴含着对尼采哲学的拯救,表现出与尼采哲学的共鸣。"在《作为艺术的权力意志》中海德格尔至少有两个意图。首先,他想要表明,他能够从尼采思想中推导出他自己的存在学(除了引人注目的存在之真理这个例外),从而把尼采的思想从国家社会主义的意识形态学家们那里拯救出来。其次,他想要指明那条鸿沟,即国家社会主义对艺术的阐释(比如将艺术阐释为民族本质的'表达')和对艺术的存在学阐释这两方面之间的鸿沟。"②在 1936 年《作为艺术的强力意志》的讲座中,海德格尔开门见山地指出:作为形而上学思想家的尼采。相对于当时普遍将尼采认作生命哲学家与诗人哲学家、甚至于文化批评家而言,这一论断无疑是大大提高了而不是贬低了尼采在哲学史上的重要地位。"正是海德格尔第一次系统地诠释了尼采的哲学,并且由此恢复了尼采作为一位哲学家的真正地位。"③当海德格尔强调要形而上学地理解强力意志概念时,他无疑是要将尼采的这一主要学说从纳粹理论家对它的生物主义解释中拯救

---

① 海德格尔. 形而上学导论[M]. 熊伟、王庆节译. 商务印书馆,2010:198。
② 米夏埃尔·E. 齐默尔曼(Michael E. Zimmerman).《海德格尔尼采阐释的发展》,载《海德格尔年鉴》第二卷:《海德格尔与尼采》,阿尔弗雷德·登克尔等编,孙周兴、赵千帆等译. 商务印书馆,2015 年,第 129 - 130 页。
③ 吴增定. 尼采与"存在"问题——从海德格尔对尼采哲学的解读谈起[J]. 云南大学学报(社会科学版),2010(4):61。

出来。"正如尼采的强力意志思想不是在生物学上的,而是存在学上的,同样地,尼采的种族思想也不具有一种生物主义的意义,而倒是具有一种形而上学的意义。"[①]当海德格尔在《相同者的永恒轮回》的讲座中指出:作为尼采形而上学基本思想的永恒轮回学说以及坚持强力意志与永恒轮回的共属一体性时,他无疑是将尼采从纳粹宣传家的曲解中解放出来,因为这个概念一直被肤浅地打发是尼采一种个人信仰自白。"首先是出于实事的原因,其次也是为了清晰而鲜明地与阿尔弗雷德·博伊姆勒的纳粹主义的尼采阐释划清界限,后面这种尼采阐释企图把永恒轮回当作尼采的私人神话而加以摒弃。"[②]

　　这种态度在《作为艺术的强力意志》中也有充分的体现。海德格尔在《尼采》前言中指出,他讲授尼采就是在与尼采争辩(Auseinandersetzung),而争辩的一层意义便是:通过争论寻求一种理解,达成一种意见的一致。这首先表现在,海德格尔以他基础存在论的观点来理解尼采的强力意志概念。海德格尔认为,他的基础存在论已经表达出了尼采哲学的真正基础。"尼采不仅改变了意志的目标,而且改变了意志本身的本质规定性。"[③]实际上这种对强力意志概念的解释是以与海德格尔此在存在论最大的一致性展开的。在进一步的解释中,海德格尔再一次通过尼采对强力意志概念中感情、激情与情绪特征的描述而证明了《存在与时间》中此在分析论的现象学解释框架的正当性。海德格尔认为,尼采把意志称为情绪、激情或感情,这看似很粗糙,实际上包含着更为丰富、原始的东西。很显然,这种更原始、更统一与更丰

――――――――――――

① 海德格尔.尼采[M].孙周兴译.商务印书馆,2012:1001。

② 哈拉尔德·索伊贝特(Harald Seubert).《尼采、海德格尔与形而上学的终结》,载《海德格尔与尼采》,阿尔弗雷德·登克尔等编,孙周兴、赵千帆等译.商务印书馆,2015年,第368-369页。

③ 海德格尔.尼采[M].孙周兴译.商务印书馆,2012:47。

富的东西正是海德格尔《存在与时间》中此在在世的基础结构。"海德格尔在《存在与时间》中的思考方式同他所解读的尼采哲学几乎如出一辙。毫不夸张地说，倘若我们将《存在与时间》中的'此在'(Dasein)变成'权力意志'，那么它几乎就成了海德格尔后来所大加批判的尼采哲学：如果说(海德格尔笔下的)尼采将存在变成了权力意志的设定或价值，那么(《存在与时间》中的)海德格尔则是将存在变成了此在对于存在的筹划；如果说尼采认为权力意志的存在方式是意愿自身的永恒轮回，那么海德格尔则将此在的本真存在看成是先行向死的存在。"①其次，通过对尼采艺术观的理解，海德格尔证明，他于1935年所撰写的《艺术作品的本源》实际上是对尼采艺术观的重要修正，从而表达了他对尼采艺术观的最大认同：首先表现在他对尼采使艺术脱离美学的认同。再次，与克服美学相联系的另一种认同，是作为一种形而上学活动的艺术概念。海德格尔的这种解释意在将尼采从生物主义的泥潭中解放出来。不仅如此，海德格尔认为，尼采的陶醉概念不仅与现代生物主义毫无关系，而且与前苏格拉底哲学对"自然"概念的理解紧密相关。总之，海德格尔《作为艺术的强力意志》的讲座表现出了对尼采学说的强烈认同，这种认同通过强调尼采的强力意志、艺术观、陶醉、形式与伟大的风格与海德格尔的基础存在论的贯通性而展现出来。这些内容在以后的相关章节将有详细论述。

这一时期在海德格尔的讲座中呈现出的就是这样一种既批判又拯救的看似矛盾的现象，正如齐默尔曼(Michael E. Zimmerman)所说，"在20世纪30年代期间，海德格尔坚持两种彼此冲突的尼采阐释。根据第一种阐释，尼采是第一个为西方的新开端指出道路的思想家。这种阐释的一个最重要例子是海德格尔于

---

① 吴增定. 尼采与"存在"问题——从海德格尔对尼采哲学的解读谈起[J]. 云南大学学报(社会科学版),2010(4):65。

1936 年到 1937 年间冬季学期所作的讲座课《作为艺术的权力意志》。而受到荣格尔著作的本质影响第二种阐释则认为,尼采是第一开端的最后一个思想家,也就是说,是宣告这个星球的工业虚无主义——这是希腊的生产(Herstellen)形而上学的命运——的信使"①。而这种看似矛盾的现象是由多种原因促成的:首先,哲学内在的理论困境与海德格尔的个人政治命运促成了通常所说的哲学转向,这种转向相应地也要求对他前期的此在存在论作出批判,而前期的基础存在论又受尼采的很大影响,这样对尼采的批判可以视为对自己前期基础存在论的批判。"海德格尔在 20世纪 30、40 年代关于尼采的讲座和论文,与其说是对尼采哲学的批判,不如说是对《存在与时间》的批判,或者说是他对其早期哲学的自我批判。"②其次,海德格尔在 1936 年讲授尼采并非出于一种偶然,也并非单纯如他所说,是他的存在历史之思遇见了尼采。很显然,海德格尔走近尼采除了学理维度外,更有社会历史维度,那就是,拯救尼采,摆脱当时对他的利用与滥用。1934 年以后的海德格尔对当时的国家社会主义运动采取一种批判的态度,而这场运动恰恰在大加利用尼采的学说实行宣传蛊惑。所以,在海德格尔看来,对尼采的阐释即是对尼采的拯救,即是与国家社会主义实行一种隐秘的对立。

最后也是最为重要的一点是,海德格尔在讲授尼采时有一个非常宏大的"存在历史"维度,这是他在 1936 年至 1940 年形成的后期主导思想。由存在历史出发,海德格尔形成了他第一开端与另一开端的思想,而"只有从对另一开端的'思想性准备出发',尼

---

① 米夏埃尔·E. 齐默尔曼(Michael E. Zimmerman).《海德格尔尼采阐释的发展》,载《海德格尔年鉴》第二卷:《海德格尔与尼采》,阿尔弗雷德·登克尔等编,孙周兴、赵千帆等译. 商务印书馆,2015 年,第 126 页。
② 吴增定. 尼采与"存在"问题——从海德格尔对尼采哲学的解读谈起[J]. 云南大学学报(社会科学版),2010(4):65。

采哲学才能被领会为形而上学的终结——因此之故，他从进入到另一开端中去的过渡出发来展开尼采思想。"①这在他 1989 年出版的《哲学论稿（从本有而来）》（*Beiträge zur Philosophie：vom Ereignis*）中充分体现了出来。这一立足点使海德格尔把尼采描述为一种"过渡和没落"，通过它所包含的危机得以指向一个新开端。"对海德格尔而言，尼采已经提出了过渡的基本问题，这个基本问题在形而上学的终结向着另一开端的思想发生突转之时也必须得到追问——恰恰在考察尼采时海德格尔指出，成为一种过渡，这是一个思想家所能说出的最高的东西。"②因此，与尼采的争辩所涉及的思想要以《哲学论稿》为立足点来理解。在《哲学论稿》中，海德格尔试图跳出在场形而上学的历史，跳出关联于这种历史的语言，因为利用这种语言对这一历史的批判最终都将变为它本身所反对的东西。"形而上学——哪怕作为实证主义——往往是唯心主义的，而一切反对形而上学的尝试，恰恰都是反动的（re-aktiv），因而原则上依然依赖于形而上学，因此本身依然是形而上学。"③海德格尔将尼采放置于从第一开端向另一开端的过渡（übergang）的思考中。而他用来思考过渡的术语之一就是"克服"（überwindung）。在他看来，宣称对形而上学某种先验的（transzendentale）克服就是过渡。这种过渡"乃是对一切'形而上学'的克服，而且是第一位的和首先可能的对一切'形而上学'的克服。"④他将尼采的思想当作一种与第一开端相关联的思想来参

①　哈拉尔德·索伊贝特（Harald Seubert）.《尼采、海德格尔与形而上学的终结》，载《海德格尔与尼采》，阿尔弗雷德·登克尔等编，孙周兴、赵千帆等译. 商务印书馆，2015 年，第 374 页。

②　哈拉尔德·索伊贝特（Harald Seubert）.《尼采、海德格尔与形而上学的终结》，载阿尔弗雷德·登克尔等编，《海德格尔与尼采》，孙周兴、赵千帆等译. 商务印书馆，2015 年，第 393 页。

③　海德格尔. 哲学论稿[M].孙周兴译. 商务印书馆，2012：180。

④　海德格尔. 哲学论稿[M].孙周兴译. 商务印书馆，2012：178。

照。在"存在历史"这一维度下,哲学的"主导问题"(Leitfrage)与哲学的"基础问题"(Grundfrage)得以显现出来。从哲学的主导问题即"什么是存在者?"(Was ist das Sein des Seienden?)的角度来看,海德格尔认为尼采体现出了作为哲学家的远见卓识,因此表现出对尼采哲学的赞赏与拯救;而从哲学的基础问题即"什么是存在本身?"(Was ist Sein als solches?)来看,尼采哲学表现出了存在之被遗忘状态的顶峰,因而表现出对尼采哲学的一种批判。在海德格尔对尼采解释的整体历史过程中,海德格尔就是将尼采不断地放入到哲学主导问题与哲学基础问题之间来处理。

第三节　拒绝:从存在历史而来

如上所述,海德格尔在 30 年代中期后越来越对尼采持批判态度,从 1940 年代开始便对尼采采取完全拒绝态度。在海德格尔看来,形而上学是"存在者整体本身的真理"[①],而尼采哲学也是关于存在者整体本身的哲学。"意志不断地作为同一个意志返回到作为相同者的自身那里。存在者整体的本质(essentia)乃是权力意志。存在者整体的存在方式,即它的实存(existentia),就是'相同者的永恒轮回'(ewige Wederkunft des Geichen)。尼采的形而上学的两个基本词语是'权力意志'和'相同者的永恒轮回',它们从自古以来对形而上学起着指导作用的方面来规定在其存在中的存在者,也即来规定本质(essentia)和实存(existentia)意义上的存在者之为存在者(ensquaens)。"[②]形而上学以人关于存在的观念取代了存在本身,因此,任何形而上学都是人类中心主

---

① 海德格尔. 尼采[M]. 孙周兴译. 商务印书馆,2002:889。

② 海德格尔. 林中路[M]. 孙周兴译. 上海译文出版社,1997:243。

义(Humanismus)的表现。"'人类中心主义'意指一个与形而上学的发端、发展和终结休戚相关的过程,这个过程也就是:人在各个不同的角度、但总是有意识地奔赴到存在者的中心部位,而又没有因此就成为最高的存在者。……而随着形而上学的完成,'人类中心主义'(或者'以希腊方式'说:人类学)也就力求达到最极端的、同时也即无条件的'地位'上。"①

在《尼采》第六章"尼采的形而上学"中,海德格尔以最坚定的立场捍卫了他关于尼采哲学属于形而上学传统的论断。形而上学关注"什么是存在者?"而遗忘了存在本身,从而以对存在者的追问代替了对存在本身的追问。由此,形而上学发展出了一套关于存在者之本质、实存、真理、历史与人类本性的理论。海德格尔认为,这五个基本要素恰好对应着尼采哲学的五个基本概念,即强力意志是存在者之本质,永恒轮回是强力意志这一存在者之实存显现自身的方式,公正是强力意志这一存在者之真理的本质,虚无主义是存在者之真理的历史,超人是这一历史整体所要求的人类本性。海德格尔认为,尼采哲学以颠倒的方式用感性来对抗超感性仍然属于柏拉图主义传统,只是使用了另外一套语言符号而已。尼采对柏拉图主义的颠倒仍然属于形而上学传统。"作为单纯的反动,尼采的哲学必然如同所有的'反……'(Anti-)一样,还拘执于它所反对的东西的本质之中。作为对形而上学的单纯颠倒,尼采对于形而上学的反动绝望地陷入形而上学之中,而且情形是,这种形而上学实际上并没有自绝于它的本质,并且作为形而上学,它从来就不能思考自己的本质。"②尼采对价值之重估也只是虚无主义自身的重演。因此,尼采最终所预见的未来只是形而上学之终结的技术时代,并没有克服存在之被遗忘状态,也

---

① 海德格尔.路标[M].孙周兴译.商务印书馆,2000:272.
② 同上书,2000:224.

没有开创一个思想未来。这样,海德格尔便完全将尼采封闭在形而上学的桎梏之中。

在 1943 年至 1944 年关于赫拉克利特的讲座中,海德格尔认为,尼采是这样一个哲学家:通过他的解释,现实世界被揭示为强力意志,在现时代强力意志意味着技术决定的客观化。根据海德格尔 1944 年讲座的结论,在尼采求意志的意志中能找到它最极端的形而上学形式。在这些评论中尼采是这样一位思想家:他无视技术的本质,将技术推进并合法化至它的极端。尼采对柏拉图主义颠倒的结果,作为价值重估的结果,他的强力意志哲学穷尽了笛卡尔主体形而上学的全部可能性。作为大地的主人,超人将他的意愿强加到他所控制的所有存在者之上。尼采是黎明前的黑夜,他是这个时代的哲学家,他的"上帝之死"预言了这个时代的到来,这个时代是一个彻底虚无主义的时代。海德格尔认为,人类必然被推至这个位置,在一个新开端来临之前去经历"上帝之死"。只有经历"上帝之死"与完全的虚无主义,西方世界才能有希望开辟一个新的开始。尼采是这个时代的哲学家,因为他将虚无主义以一种最极端与最有力的方式带入他的学说中。

当然,这种拒绝对海德格尔来说也是一种特别的提醒,通过对尼采那里所表现出来的意志主义、主体主义、虚无主义与形而上学的批判,海德格尔能够时刻使自己清醒地远离这些主题。如在论述近代主体形而上学时,海德格尔谈到,人类的表象或者说表象的人类比其他一切存在者更为持续、更为真实,更具存在者特征。这样人类思维就独享了主体这个名号。"人以这种或者那种方式为自己确保在基督教意义上或者其他意义上的救恩。"①这与尼采所说的,上帝虽然死了,但上帝死后的阴影还会存在数千年颇为一致。在谈到真理的作用时,海德格尔说,"这样一种对安

---

① 海德格尔.尼采[M].孙周兴译.商务印书馆,2012:1128。

全保障的获取,以及这样一种把现实之物设置到可靠性之中的过程,……因为关于存在者的真理已经变成了确信,而这种确信从此以后把它自己的本质丰富性作为决定性的真理本质展开出来"。① 这与尼采将真理看作是生物之保存的必要条件的说法颇为一致;海德格尔在谈到现时代时说,"现代文化都是基督教的,即使在它变得无信仰的时候亦然"。②,这不由得使我们想起尼采"民众的柏拉图主义"这一说法。所以说,尼采恰似海德格尔的一面镜子。

具体来说,海德格尔对尼采的这种拒绝态度主要是通过三个步骤实现的,而这三个步骤又都与外在的政治环境密不可分。1939 年希特勒闪击波兰,第二次世界大战全面爆发,海德格尔以令人窒息的方式将尼采正式归入形而上学的行列,这在他 1940年写就的《尼采的形而上学》中表现出来。这是海德格尔对尼采拒绝的第一个步骤。海德格尔认为,任何一种形而上学都由五个本质要素构成,它们是本质、实存、真理、历史与人类。而尼采的形而上学中也同样由这五个基本要素构成:强力意志是表示存在者之"本质"的词语,永恒轮回是表示存在者之"实存"的词语,公正是表示存在者之"真理"的词语,虚无主义是表示真理之"历史"的词语,超人是表示被存在者整体所要求的"人类"的词语。海德格尔以此方式完成了对尼采拒绝的第一个步骤。

在第二个步骤中,海德格尔正式将尼采摆置到他所提出的存在历史的轨道上,一方面,他描述了存在自身的异化史,另一方面,描述了形而上学本身的嬗变过程或形而上学的运行机制。这两个方面是一而二,二而一的过程。在这一过程中,海德格尔提醒我们注意到形而上学从开端到终结的几个历史关节点:柏拉图

---

① 海德格尔.尼采[M].孙周兴译.商务印书馆,2012:1129.
② 同上书,2012:1131.

与亚里士多德奠定了形而上学的开端,笛卡尔哲学构成了现代形而上学的真正开始,莱布尼兹是形而上学之完成的开始,而尼采则是形而上学的最终完成。这一切都是在存在历史的宏大语境中得到展开。这在 1941 年的三篇文章即《作为存在历史的形而上学》《关于作为形而上学的存在历史的草案》与《回忆到形而上学中去》中充分表达出来。海德格尔将形而上学看作存在历史的一部分。"在存在历史的开端中,存在作为涌现(physis)和解蔽(alethea)而澄明自身。由此出发,存在达到了逗留(在场状态)意义上的在场状态和持存状态的特征。由此开始了真正的形而上学。"①从存在历史的开端来看,作为真理的无蔽根本没有得到自行显现,而是受到了"相"的束缚,这种思想将存在者释放到一种在场状态之中,"相"才是真正的最高显现者。正是由于"相"与"爱多斯"的出现,才使存在最先降低为"什么—存在"的地位,从而使"什么—存在"的思想特征在存在者那里获得了独一无二的优先地位,这种优先地位表现为始终专注于存在者的普遍性。这样,形而上学的突出特征被确定下来,它成为规定存在的唯一尺度。这样,"什么—存在"就排挤掉了具有原初规定性的存在。事实上,存在则是"什么—存在"与"如此—存在"之前的原初状态。所以,柏拉图的"相"与亚里士多德的"第一实体"都不是存在的原初现身,从此以后的各种形而上学都没有触及存在的原初的本质丰富性。这样,"存在被区分为什么—存在(Was-sein)与如此—存在(Das-sein)。随着这个区分以及它的准备,作为形而上学的存在历史就开始了。形而上学把这个区分纳入关于存在者之为存在者整体的真理的结构之中。形而上学的肇始因此揭示自身为一个事件,这个事件就在于一种决断(Entscheidung),即关于什

---

① 　海德格尔.尼采[M].孙周兴译.商务印书馆,2012:1104.

么—存在与如此—存在之区分的出现意义上的存在的决断"①。这就是存在之被遗忘状态的开始,也是存在之起源的自行遮蔽。

随着形而上学的进展,实现演变为了现实性,作品变成了操作的产品,变成了制作的制作物,变成了行动的作用。它是作用中的被作用者,是行动中的被完成者。这样,存在便委身于现实性的本质中了,存在者就转变为现实之物,现实性转变为因果性,真理转变为确信。因为实现转变为现实性,于是人们将关于存在者的真理建立在现实之物的基础之上。这样,真理便标识为关于现实存在者的知识、表象与确信。这种确信要求指向一个不可动摇的基础,它不依赖任何他物而存在,而是以自身为依据。而哪个现实之物可以作为这样的基础呢? 这样,开端中的形而上学把实现释放到现实性之中,把在场状态释放到实体之中,把无蔽释放到符合之中。同理,逻各斯以及基体概念也被理解为根据、理性,而根据、理性就表示了一般主体。而一般主体的突出特征就属于表象本质结构范围内的我思思维,所以说,笛卡尔哲学是现代形而上学的真正开端。笛卡尔的《沉思》"是一个肇始,而且是一个决定性的肇始,是构成现代之基础的形而上学的真正开端的肇始"②。莱布尼兹是形而上学完成的开始。"承担对现代形而上学之完成的这种酝酿工作,并且因此处处贯通和支配这种完成史,这乃是莱布尼茨所实施的那种思想的存在历史意义上的使命。"③在笛卡尔那里,人这个一般主体的现实性在其思维的作用中有其本质。而这个现实性的本质就是一种力求过渡的欲望。而单子是一种作为欲望的表象,是知觉与欲望的统一。它是存在者之存在状态的原始本质力量,它欲求表象的过渡性。每个一般

---

① 海德格尔.尼采[M].孙周兴译.商务印书馆,2012:1101。
② 同上书,2012:1139。
③ 同上书,2012:1140。

主体都是单子,它是欲求与表象的一般主体。自我意义上的主体性只是一般主体性的一种方式。"自从现代形而上学的完全开端以来,存在就是意志,即 exigentia essentiae(本质之强求)。'意志'蕴含着多重本质。它是理性的意志或者精神的意志,它是爱的意志或者强力意志。"①意志成为了现实性的基本特征。这样就进入了意志形而上学:意志在莱布尼兹那里是被表象状态;在康德那里是实践理性;在黑格尔那里是绝对认识;在谢林那里是作为爱的意志,在尼采那里是强力意志,并要求永恒之轮回,即求意志之意志。在这种强力的本质中,隐藏了存在向存在者的极端抛弃。

到了 1943 年,德国在苏联的斯大林格勒保卫战中遭到重创,整个德意志笼罩在行将灭亡的恐惧之中,海德格尔也以哲学的形式宣告了国家社会主义对抗欧洲虚无主义的彻底失败,这表现在他 1944 年写就的《由存在历史所规定的形而上学》中,类似于"尼采无能于""尼采不能"的表达在此文中比比皆是,表现出了对尼采哲学的完全拒绝态度,这是海德格尔对尼采拒绝的第三个步骤。为更加具体地表现出海德格尔的这种拒绝态度,现将他的相关论述摘录如下:1."尼采把存在者肯定为最基本的事实(即强力意志),这并没有把他带向对于存在之为存在的思考。通过把存在解说为一种'必然的价值',尼采也没有达到这样一种思考。而他的'相同者的永恒轮回'思想也没有成为一种推动力,并没有促使他把永恒性当作瞬间——一种出自被澄明了的在场之突兀性的瞬间——来思考,把轮回当作在场方式来思考,并根据这两者起于原初的(anfanglich)'时间'的本质渊源对它们作出思考。"2."当尼采把那种对'最终事实'意义上的强力意志的肯定把握为他的哲学的基本洞见时,他只是把存在标识为具有事实特性的别具一格的存在者,仅此而已。而事实性本身并没有得到思考。尼

①   海德格尔. 尼采[M]. 孙周兴译. 商务印书馆,2012:1165。

采对这个基本洞见的固守恰恰阻碍了自己，使自己未能进入通向对存在之为存在的思想的道路。这个基本洞见没有看到这样一条道路。"3."另一方面，因为尼采已经给出了对存在问题（在存在者之存在这种唯一熟悉的意义上）的解答，所以，在他的思想中，也是不可能产生有关存在本身的问题的。'存在'是一种价值。'存在'说的是：存在者之为存在者，即持存者。"4."无论我们在何种程度上、在哪个方向上质问尼采，我们都会发现：他的思想并没有根据存在之真理来思考存在，并没有把存在之真理思考为存在本身的本质性现身，即存在在其中自行转变、从而丧失其名称的那种本质性现身。"5."在形而上学范围内，存在之为存在一无所有。比对荒谬的估算更为本质性的事情是：我们要经验到，何以在尼采的形而上学中，存在本身是一无所有的。因此之故，我们说：尼采的形而上学是本真的虚无主义。"6."尼采的形而上学是本真的虚无主义。这话意味着：尼采的虚无主义不仅没有克服虚无主义，而且也决不能克服虚无主义。"7."照此看来，尼采的形而上学就不是一种对虚无主义的克服。它乃是向虚无主义的最后一次卷入。"8."因此，即使以他的追问方式，尼采也没有达到虚无主义的本质问题所寻求的东西的领域，即：虚无主义是否以及如何是一种与存在本身相关涉的历史。"9."尼采的形而上学是虚无主义的，因为它是价值之思，而且这种价值之思植根于作为一切价值设定之原则的强力意志。"10."作为存在学，甚至尼采的形而上学同时也是神学，尽管它看起来是远离于学院形而上学的。……这种形而上学的神学是一种独特的否定神学。它的否定性表现在'上帝死了'这句话中。这话并不是一个无神论的表达，而是那种形而上学的存在—神学的表达——本真的虚无主义就是在这种形而上学中得到完成的。"11."尼采无能于认识他自己思考的公正，无论是它的真理性本质还是作为他的形而上学的真理的本质特征，他都认识不到。这样一种无能是因为他的形而上学是强力意志的形而上学呢,还是因为、而且仅仅是因为它是形而上学?"12."根据虚无主义的本质来思考,尼采的克服只不过是虚无主义的完成。在其中,虚无主义的完全本质比在任何其他形而上学基本立场那里都更清晰地向我们昭示出来。"①

海德格尔将尼采诠释为旧开端的最后一息,尼采的思想远没有扬弃虚无主义,而是虚无主义最后的形而上学表达②。1945年后海德格尔的尼采阐释几乎没有超出上述对尼采的看法。战后的海德格尔指出,在20世纪战争、革命与技术创新中没有什么新东西,在一个与古希腊有过的开端同样伟大的另一开端出现之前,人类必将忍受技术虚无主义的漫漫长夜。通过上文所列,海德格尔这篇写于1944年的文章乃至整个尼采讲座是否具有理论的纯粹性? 这一问题待后面的章节再加以讨论。很显然,导致对尼采的这种评价,除了存在之历史这一理论维度以外,很难说海德格尔不受历史环境的影响。他把当时现时政治的阴郁情绪也投射到对尼采的理论评价中。

第四节 开放与妥协:重新肯定尼采

进入20世纪50年代,战争的阴云已经散去,海德格尔对尼采的阐释也进入了一个新的阶段。这一时期他涉及尼采的作品有1951—1952冬季学期的《什么叫做思?》与1953年的《谁是尼采的查拉图斯特拉?》。这一阶段的作品由于1961年《尼采》的出版所产生的广泛影响而常被忽视,人们普遍认为海德格尔关于尼

① 海德格尔. 尼采[M]. 孙周兴译. 商务印书馆,2012:1027-1056。
② Otto Pöggler. *Friedrich Nietzsche und Martin Heidegger*, Bonn: 2002, s. 16.

采的全部观点应该存在于《尼采》这本书中。实际上，进入 50 年代，海德格尔对尼采的态度已经发生了很大变化。在这一阶段，海德格尔与尼采思想获得了一种全新的关系。这可以从海德格尔对尼采超人形象理解的前后对比中体现出来：1940 年代，海德格尔把超人定义为理性动物(animal rationale)的最后形象和"大地的主人"(Herr der Erde)，后者已经让人预知到一种"技术功能体"。海德格尔依照他对强力意志的解释表明超人属于形而上学的普遍本质。然而，在《什么叫思想?》(1951 年)中，超人却是更无害、更敏感、更大度的形象，并且也远离大众和技术、经济和政治的权力。这还可以通过海德格尔对《查拉图斯特拉如是说》前后期解释的不一致性与不对称性而得到确证。在 30 年代与 50 年代，海德格尔对尼采《查拉图斯特拉如是说》的理解有很大的变化。确切地说，在 1937 年《相同者的永恒轮回》的讲座中与 1953年《谁是尼采的查拉图斯特拉?》中，海德格尔对查拉图斯特拉人物形象的理解是截然不同的。在《相同者的永恒轮回》中，海德格尔认为，尼采对查拉图斯特拉形象的阐述受到"轮回思想如何形成?"这一思维的影响，所以是以感性的形式提出这个真理，并且是作为一种象征：教师这一形象最终仅仅通过教育能够得到理解。在 1953 年，"谁是尼采的查拉图斯特拉?"这个问题成了一个根本的形而上学问题。在那里，海德格尔解释的主要章节"论救赎"在 1937 年只是偶有提及，"复仇"的主题在那个时期还没有提出，"毒蜘蛛"那一节也没有提出来。在这一阶段，海德格尔强调尼采关于未来的清晰与远见，在某种程度上这种远见卓识超越了尼采对形而上学终结的传送。对海德格尔来说，尼采是这样一个人：他比以前的任何人更清楚地意识到形而上学世界的死亡，意识到了人类正在使自己更精于地上统治权的危险。他既是第一个意识到这种危险的人，也是第一个认为需要一种转变的人。甚至他可能已经认识到，他的思想必然产生一种破坏力量，在这种破坏力量中新的开端得以产生。"早在 19 世纪 80 年代,尼采就高瞻远瞩,预见了这一切,道出了一个因为深思熟虑、因而简单明了的说法:'荒漠在生长'。"①

当然,海德格尔后期对尼采思想的开放与妥协并没有改变这样一个事实:他是一个形而上学家。"把尼采思想规定和定位为'形而上学的终结',这在海德格尔的尼采辨析的各个阶段始终是一个本质性的基础特征。"②由于尼采在海德格尔存在历史中的位置没有发生根本改变,所以在两个尼采之间便产生了一种张力:一方面,尼采不仅没有预见到技术世界的来临,而且一直在推进这个世界的来临;另一方面,尼采也认真思考了地球的荒芜。"在海德格尔看来,尼采占据着一个形而上学的完成者和向另一开端的过渡者的位置。"③即海德格尔把尼采看作一个过渡性的思想家,把他置于一个整体的一端,即形而上学的一端,甚至将尼采归入形而上学的存在—神—逻辑学(Onto-Theo-Logie)机制④。对于海德格尔来说,尼采只是一个初步的过渡,他到处冲锋陷阵,最终又谨慎地折返回来。尼采虽然是唯一的一个彻底思考这种危险的人,但是,不可避免地他仍然是形而上学地思考这一点。上面提及的这种矛盾在某种程度上产生了一种缓和,即尼采的远见卓识被限制在形而上学内部,同时尼采以最极端的思想形式意识到了需要一种转变。

总的来说,尼采似乎独属于海德格尔,他对于尼采的理解总是着眼于两个层次,第一个层次彰显尼采作为哲学家的伟大,从

① 海德格尔.什么叫思想?[M].孙周兴译.商务印书馆,2017:36。
② 哈拉尔德·索伊贝特(Harald Seubert).《尼采、海德格尔与形而上学的终结》,载《海德格尔与尼采》,阿尔弗雷德·登克尔等编,孙周兴、赵千帆等译.商务印书馆,2015 年,第 371 页。
③ 瓦莱加-诺伊.海德格尔《哲学献文》导论.李强译.华东师范大学出版社,2010:80。
④ 刘小枫.海德格尔与有限性思想[M].孙周兴等译.华夏出版社,2002:41。

而将尼采与流行的思想观念区分开来,将尼采从流行的意识形态宣传中拯救出来。而这一立场则基于他前期的基础存在论。第二个层次则表现尼采与传统形而上学的一脉相承性,进而将尼采定格为形而上学思想家。这种立场则基于他的存在历史之思,这一层次占据着主导地位。而对尼采的这种层次性解读皆源于海德格尔哲学与传统哲学、海德格尔哲学内部前后期思想的内在张力。

第二章　虚无主义:海德格尔与尼采的核心争辩

第一节　作为尼采核心问题的虚无主义

　　在整个西方哲学历史上,黑格尔首次明确地将人类历史过程看作是一个自我实现、自我解放、不断发展进步的进程,而尼采与海德格尔都反对这种积极的、目的论的现代化历史图式,并认为现时代的根本病灶即是虚无主义。但海德格尔却将尼采也纳入了他对虚无主义的思考之中。那么,海德格尔如此评说尼采的依据是什么? 我们应该如何看待他对尼采哲学的这一核心争辩? 这是本章所要探讨的主要问题。

　　虚无主义是一个多层次与多形态的概念,具有极其丰富的内涵,主要意指一种理论立场、一种哲学意义;它也具有多样化的表现形式,如形而上学的虚无主义、认识论的虚无主义、伦理的虚无主义、政治的虚无主义;同时还具有极其深远的历史渊源,人们甚至可以将其发端追溯至高尔吉亚的三个命题。但真正将虚无主义作为哲学问题加以认真对待的却是尼采与海德格尔。尼采以

"上帝死了"赋予虚无主义以可怕性质,称它为所有客人中最不受欢迎的客人。正是基于此,海德格尔才从尼采克服欧洲虚无主义的角度阐释了其哲学的内在统一性。"尼采的'上帝死了'这句话在海德格尔的解释中确实处于中心位置,然而不是作为单个的学说,而是作为一个主导思想,以它为基础,尼采的另一些基本词汇,如'虚无主义'、'生命'、'价值'、'强力意志'和'永恒的复归'得以显明。"①但海德格尔认为,尼采对虚无主义的克服实质是对虚无主义的最终完成,因为在他看来,虚无主义的实质是形而上学问题。这样,在关于虚无主义的本质、起源、展开与克服的过程中,海德格尔与尼采形成了最为关键的争辩。"对虚无主义的这种克服应以何种方式完成。这个问题首先决定着海德格尔与尼采的切近与疏远。"②以至于有的学者认为,海德格尔尼采解释最重要的成果就是"奠定了一种关于虚无主义本质的叙事构架,通过这种叙事构架他与尼采一度走到了一起,但最终又分道扬镳"③。

　　作为尼采哲学的核心关切,虚无主义是"尼采的起点、背景和归宿"④。之所以将其称作尼采的核心关切,是因为尼采的其他哲学主题诸如强力意志与永恒轮回等都是由此理论生发出来的。尼采以"上帝死了"这句口号所意指的虚无主义既不是某个人的观点,也不是已经发生的某个确定的历史事件,"上帝哪儿去了?

---

① 洛维特.墙上的书写—尼采与基督教[M].田立年、吴增定译.华夏出版社,2004:123。

② 马里翁·海因茨(Marion Heinz).《"创造"。哲学的革命——关于海德格尔的尼采阐释(1936/1937 年)》,载阿尔弗雷德·登克尔等编,《海德格尔与尼采》,孙周兴、赵千帆等译.商务印书馆,2015 年,第 223 页。

③ James Crooks. Getting over Nihilism: Nietzsche, Heidegger and the Appropriation of Tragedy, *International Journal of the Classical Tradition*, 2002 (9), p. 37.

④ 王恒.虚无主义:尼采与海德格尔[J].南京社会科学.2000(8):10。

让我们告诉你们吧！是我们把他杀了！是你们和我杀的！咱们大伙儿全是凶手"①！它意指的是一种历史运动，一种已经支配了很多世纪同时也将支配以后几个世纪的历史运动。"'虚无主义'这个名称表示的是一个为尼采所认识的、已经贯穿此前几个世纪并且规定着现在这个世纪的历史性运动。"②"虚无主义乃是欧洲历史的基本运动……乃是被拉入现代之权力范围中的全球诸民族的世界历史性的运动。"③

尼采将虚无主义的本质解说为"上帝死了"，这里的"上帝"不单单是指基督教意义的位格神，而是指诸如理念、实体之类的所有超感性存在，"发明'上帝'这个概念，是用来反对生命的概念——'上帝'的概念包含着一切有害的、有毒的、诽谤性的东西，它把生命的一切不共戴天的仇敌纳入了一个可怕的统一体"④！而"上帝死了"则表达了两层意思，一方面是指基督教的上帝已经丧失了塑造历史的能力，丧失了对整个人类的规范力量；另一方面是指，上帝代表了整个超感性领域的各种价值以及对之所作的不同解说，这些价值包括理想、规范、原理、法则、目标、价值等，作为超感性领域，它们超脱于现实事物之上，赋予现实事物整体以一种目的、一种秩序、一种意义、一种价值。当超感性领域失效了，变得空无所有的时候，现实的存在者本身也丧失了应有的价值和意义。尼采哲学正视的就是这个价值沉沦的时代。但在尼采看来，以往目标的消失与价值的贬黜已经不是一种缺陷与毁灭，而是一种解放，一种胜利，一种完成。

尼采对虚无主义之克服的努力是一种对以往价值关系的反运动，这样，尼采意义上的虚无主义就是对以往价值的破坏与摧

---

① 尼采.快乐的科学[M].黄明嘉译.华东师范大学出版社,2007:208-209。
② 海德格尔.林中路[M].孙周兴译.上海译文出版社,1997:219。
③ 海德格尔.海德格尔选集[M].孙周兴译.上海三联书店,1996:772。
④ 尼采.看哪这人[M].张念东,凌素心译.中央编译出版社,2000:110。

毁。这样就过渡到了尼采哲学的第二个主题,即重估一切价值。但尼采的这种重估并不是将自己的新价值放到旧有位置上,"对尼采来说,'重估'却是指:恰恰是以往价值的'这个位置'消失了,而不仅仅是以往价值本身失效了。这就意味着:价值设定的方式和方向以及对价值之本质的规定发生了转变"①。尼采对虚无主义的极端肯定意味着它把以往的最高价值全部消除掉,采取的方式则是以强力意志为价值设定原则的价值重估。"重估也就不光是指:在以往价值原有的同一个旧位置上设定新的价值;相反地,这个名称总是而且首先是指:这个位置本身要得到重新规定。"②通过重估,尼采第一次将存在思考为价值。这样就需要建立一种新的价值原则,从而使存在者整体得到重新规定,即规定为强力意志。"尼采被看作形而上学家的主要根据是,他的整个理论体系都是建立在强力意志这一学说上的。"③既然以往的存在者都是以设定某个超感性领域为基础而获得规定的,那么,新的价值设定就只能由存在者本身出发来创造新的价值与尺度:价值设定的原则不在存在者本身之外,而在存在者本身之中。这样就过渡到了尼采思想的第三个主标题。

尼采把强力意志设定为存在者整体的基本特征。这种新的价值设定之所以是对以往价值的重估,并不是因为尼采用强力意志取代了以往的最高价值,而是强力意志本身才真正地设定价值,保持价值的有效性。强力意志只意欲强力自身之提高,决不意欲任何一个在存在者整体之外的目标。又因为一切存在者都是一种持续的生成,而它的目标又不在自身之外,而是不断地返回到自身的强力之提高,这样,存在者整体必然一再地返回到自

① 海德格尔.尼采[M].孙周兴译.商务印书馆,2012:721。
② 海德格尔.尼采[M].孙周兴译.商务印书馆,2012:973。
③ 格尔文.《从尼采到海德格尔》,载《尼采在西方——解读尼采》,刘小枫、倪为国选编,上海三联书店,2002年,第530页。

身,这样就过渡到了尼采的第四个主标题。因为尼采意义上的"生成"既不是指向某个未知目标的无止境的前进,也不是指一种失序的本能、喧嚣或冲动,而是指"强力的强势作用乃是强力的本质,它合乎强力地返回到自身并且以自己的方式不断地轮回复返"①。同时,相同者的永恒轮回也为尼采的虚无主义立场提供了有力证明。既然这种虚无主义已经摧毁了存在者之外与存在者之上的一切目标,那么,对它来说,"上帝死了"这句话既表达了基督上帝的无力,也表达了人要服从的一切超感性之物的无力,而这种无能为力便意味着以往秩序的崩溃。既然以往关于存在者整体的秩序已经分崩离析,那样要重新为存在者整体设立新秩序;既然超感性之物、彼岸、天国之类的超然之物已经被摧毁,那么也就只剩下大地的意义了,所以,"这个新秩序就必定是:纯粹强力通过人类对地球的无条件统治地位"②。

　　那么,究竟要通过哪一种人类呢? 这样就过渡到了尼采哲学的第五个主标题,即超人。这便是对人类本质的重新设定。但由于上帝已死,所以能够成为人类尺度的东西只能是人类自身。很显然,它不是所有人类,而是人类中的一个类型,它将具有以往价值的人类置于身后而只求纯粹强力的强力运作。"这种人类担负起根据强力意志的唯一强力来重估一切价值的任务,并且有意接管对地球的无条件统治地位。"③这样,海德格尔既强调了虚无主义在尼采哲学中的核心地位,又勾勒出了尼采思想中的五个主标题及其内在统一性:虚无主义、重估以往一切价值、强力意志、相同者的永恒轮回、超人。

　　海德格尔认为,在尼采那里,虚无主义的历史是价值设定的

①　海德格尔.尼采[M].孙周兴译.商务印书馆,2012:724。
②　海德格尔.尼采[M].孙周兴译.商务印书馆,2012:724。
③　海德格尔.尼采[M].孙周兴译.商务印书馆,2012:725。

历史。这种历史既是时间的历史,也是逻辑的历史。"在尼采的意义上,虚无主义共同构成了西方历史的本质,因为它共同决定了各种形而上学基本立场及其关系的法则。"①也就是说,虚无主义不是西方历史沉沦的原因,而是它的内在逻辑或发生法则。尼采认为,虚无主义的根源在于道德。这里的道德是在对超感性领域的真、善、美的设定意义上来说的。这些最高价值贬黜并不是因为什么外在的原因,而是因为这些价值本身就有违于生命本身,是生命本身无法实现的。因此自身就是一种贬黜。人类既然无法达到,就可能存在着悲观主义。所以,尼采说,悲观主义是本真虚无主义的预备形式,因为它否定现存世界。它可以区分为弱者的悲观主义(干脆意求衰败和虚无,如叔本华)与强者的悲观主义(对现在事物的拒绝,从而为一种新的世界形态开启道路,如尼采本人)。同时,还存在着不完全的虚无主义:它同样否认以往的最高价值,但它又在旧有位置上设定了新的价值,如用自由、民主、进步理念取代原始基督教,用瓦格纳音乐取代正统基督教。为此,必须清除这些最高价值得以生长的基础与位置,即那个自在存在的超感性领域。这些理想都是不完全的虚无主义,它们没有重估以往的价值,只是尽量逃避虚无主义,结果使问题更加尖锐。与不完全的虚无主义相对应,有一种完全的虚无主义,这种完全的虚无主义又分为积极的虚无主义与消极的虚无主义。"A)虚无主义作为提高了的精神权力的象征:作为积极的虚无主义。……B)虚无主义作为精神权力的下降和没落:消极的虚无主义。"②后者只是拥有这种洞见,而没有付诸行动,只是袖手旁观以往最高价值的沦落。前者不仅具有这种洞见,更要主动出击,通过摆脱以往的生活方式来颠覆一切。尼采是完全而积极的虚无

---

① 海德格尔.尼采[M].孙周兴译.商务印书馆,2012:777。
② 尼采.权力意志[M].孙周兴译.商务印书馆,2011:401。

主义者,也叫"绽出的虚无主义"或者叫做"古典的虚无主义"。
"于是就显示出虚无主义具有自身结构的本质丰富性:虚无主义
的模棱两可的预备形式(悲观主义)、不完全的虚无主义、极端的
虚无主义、积极的和消极的虚无主义、积极的—极端的虚无主义
(作为绽出的—古典的虚无主义)。"①

第二节　尼采虚无主义之思的价值立场

　　尼采的强力意志是不断的提高与生成,这种提高与生成又必
须与保存结为一体,即强力意志必须为自身设定保存与提高统一
的条件,尼采将这些条件称之为价值,它包括科学、艺术、宗教、哲
学等,它们都是强力意志之价值的表现形式。尼采将虚无主义的
本质把握为最高价值的自行贬黜。"虚无主义:没有目标;没有对
'为何之故?'的回答。虚无主义意味着什么呢?——最高价值的
自行贬黜。"②在海德格尔看来,虚无和虚无主义与价值思想没有
任何本质性联系,那么尼采为什么要把虚无主义理解为最高价值
的自行贬黜呢? 虚无主义何以成为价值的沦落?
　　首先,海德格尔认为尼采是根据价值思想来思考虚无主义的
起源、展开与克服的。"海德格尔把尼采未能克服虚无主义的原
因归结为,他仅仅立足于价值的立场,试图用一种新价值的创立
来代替旧价值。"③那么,价值思想的形而上学起源又在哪里呢?
海德格尔认为,尼采把价值的本质解释为条件,即价值表示的是
某物成其为某物的"可能性条件"。"着眼于生成范围内的生命之

---

　　①　海德格尔.尼采[M].孙周兴译.商务印书馆,2012:782。
　　②　尼采.权力意志[M].孙周兴译.商务印书馆,2011:400。
　　③　邓晓芒.欧洲虚无主义及其克服——读海德格尔《尼采》札记[J].江苏社会科
学.2008(2):4。

相对延续的复合构成物,'价值'的观点乃是保存、提高的条件的观点。"①从柏拉图开始,存在就是理念,就是作为外观的在场状态。通过把存在解释为相,柏拉图第一次赋予存在以先天性的特征。而通过柏拉图对善的理念的解释,存在即成为了"使存在者适宜于是(sein)存在者"②。而所有的理念都在至高的善的理念那里获得规定。理念具有善之形式的特征,具有使某物适合于成为某物的特征,存在便获得了"使有可能者"的本质特征。这样,在形而上学的开端处,存在就以这样一种歧义性的方式获得了解释:存在是纯粹的在场状态,同时也是使存在者得以成其为可能的东西。总之,存在是"使有可能者",也就是说,是存在者的可能性条件。此外,这种歧义性还表现在当把存在解释为"相"时,它就与人的认识产生了关联,因为相是外观,是观看。这样,使存在者存在的可能性条件就已经不再是"相",而是人的表象状态,即知觉。"在价值思想的起源的历史中,idea[相]向 perceptio[知觉]的突变成为决定性的。"③这样,存在演变为被表象状态,即被表象状态是使存在者成为存在者的可能性条件,而通向这一过程的决定性步骤是由康德的形而上学完成的,由康德自视为最高原理的一个原理完成的:"一般经验的可能性条件同时也是经验对象的可能性条件。"④即主观的先天范畴对外在对象的客观有效性。"形而上学的价值之思,也即把存在解释为可能性条件的想法,其本质特征是通过不同阶段而得到准备的:通过柏拉图那里的形而上学开端(作为 idea[相、理念]的在场状态,作为 arete[善]的相、理念),通过笛卡尔那里的转变(作为 perceptio[知觉]的 idea[相、理念]),以及通过康德的转变(作为对象之对象性的可能性条件

---

① 海德格尔.尼采[M].孙周兴译.商务印书馆,2012:787。
② 海德格尔.尼采[M].孙周兴译.商务印书馆,2012:916。
③ 海德格尔.尼采[M].孙周兴译.商务印书馆,2012:920。
④ 海德格尔.尼采[M].孙周兴译.商务印书馆,2012:922。

的存在）。"①通过将尼采的"可能性条件"追溯至柏拉图的"善"与康德的"十二范畴"，海德格尔将尼采关于虚无主义的价值之思归入了传统形而上学的轨道；正是基于此，尼采也从"可能性条件"的角度来定义他的强力意志。

这样，从柏拉图以来的所有形而上学都被尼采理解为价值形而上学。而海德格尔认为，尼采无法真正克服虚无主义，其关键在于尼采仅仅将存在理解为"价值"。"存在成了价值。……由于存在被尊为一种价值，它也就被贬降为一个由强力意志本身所设定的条件了。只要存在一般地被评价并从而被尊奉，则存在本身先就已经丧失了其本质之尊严。如果存在者之存在被打上了价值的印记，并借此就确定了它的本质，那么，在这一形而上学范围内，即始终在这个时代的存在者本身的真理的范围内，任何一条达到存在本身之经验的道路就都被抹去了。"在这里，"存在沦为一种价值了。从中表明，存在并没有得以成为存在"②。

作为诸种价值评价体系的形而上学是关于存在者整体本身之真理的学说，所以，由价值形而上学所支配的西方历史的虚无主义就不是一个偶然的个别事件，而是一个"基本事件"。柏拉图"使得自柏拉图之后的传统形而上学一方面把虚构的超感性世界实在化，另一方面又把实在的生命虚无化。这一点，正是欧洲传统形而上学的虚无主义的本质所在"③。又因为形而上学通过基督教而获得了神学的烙印，故这种最高价值的自行贬黜便被尼采表达为"上帝死了"。这里的上帝指的是超感性领域，作为真实的世界、永恒的世界、彼岸的世界，它对尘世的此岸世界始终起到目标的作用。即使上帝与教会的权威早已式微，取而代之的却又出

---

① 海德格尔. 尼采[M]. 孙周兴译. 商务印书馆，2012：924。
② 海德格尔. 林中路[M]. 孙周兴译. 上海译文出版社，2012：271。
③ 陈嘉明. 现代性的虚无主义——简论尼采的现代性批判[J]. 南京大学学报，2006(3)：122。

现了良知的权威、理性的权威、历史进步的权威等。它们共同构成了尼采所说的柏拉图主义。这个柏拉图主义是生命衰败的象征。为此,必须重新设定价值。在尼采看来,强力意志是价值设定的唯一原则,一切事物的好坏取决于它是否提升了强力意志,因为以往的价值设定都是对生命的阻碍,它是一种从来没有过的价值设定,即新的价值设定,它的新就在于对以往价值的重估。但尼采的这种重估并不是将自己的新价值放到旧有位置上。既然以往的存在者都是以设定某个超感性领域为基础而获得规定的,那么,新的价值设定就只能由存在者出发来创造新的价值与尺度。这样,价值设定的原则不在存在者本身之外,而在存在者本身之中。强力意志只意欲强力自身之提高,并不欲求任何一个在存在者本身以外的对象。由于一切存在者都是生成,它的目标又不在自身之外,而是不断地返回到自身的强力之提高,所以,存在者整体必然一再地返回到自身,因为尼采的"生成"既不是指向某个未知目标的无止境的前进,也不是指一种失序的本能、喧嚣或冲动,而是指返回到自身并且以自己的方式不断地轮回复返。永恒轮回摧毁了一切存在者之外的目标,从而意味着以往价值秩序的崩溃。既然超感性之物、彼岸、天国之类的超然之物已经被摧毁,那么也就只剩下大地的意义了,于是尼采发出了"超人是大地的意义"的呐喊。尼采通过重估一切价值、强力意志、永恒轮回、超人这几个主要标题达到了消除超感性领域,进而达到克服虚无主义的目的。至此我们理解了海德格尔提出的尼采为什么将虚无主义与价值联系起来的问题。

　　但海德格尔对尼采哲学的这种价值论阐释却遭到了尼采众多解释者的反对,其中尤以洛维特为代表,以下观点颇具代表性:"和尼采的明确的说法——即生命和具有生命力的世界的总体特征并不是可以被贬低和估价的——相反,海德格尔将尼采的哲学阐释为一种'关于价值的形而上学',并将价值阐释为一种'观点'。他高度艺术性地误解了其中的简单的意义。但摆在尼采眼前的对世界的构想，以及他试图以《查拉图斯特拉如是说》为基础而在《权力意志》中加以发展的构想，却并不能被解释为，作为权力意志的生命是不能被贬低的，因为它'在任何一个瞬间'都是它所是的整体，并且它在任何转变中都具有同样的力量和具有同样的意义。海德格尔用价值的概念预先设定了他的阐释的开端，这个起点对于所有其他的解释都是决定性的。他并没有像尼采所经验到的和理解到的那样，将正午解释为永恒，而是将它解释为单纯否定的东西，解释为一种'被消除的过去'。任何读过尼采关于正午的说法的人都会感到惊讶，海德格尔居然读出了那么多尼采从来没说过也没认为过的东西。他对尼采的学说的'本质性的东西'的阐释从来没有考虑到，尼采是在对永恒的怀念中结束《查拉图斯特拉如是说》的第三和第四部分的。永恒并不是对持存状态的保护，而是［相同的生成和消逝］的一种永恒的轮回。作为相同者的一种永恒轮回，它只有在如下情况下才进入海德格尔的阐释，即权力意志——他正是从这一点出发解释永恒轮回学说的——保证了他自己的持续的持存状态是一种'可能的最大程度相同形式的和有规律的'意愿。意志作为一种相同的东西持续地回到相同的自身；并且存在的方式就像存在者之整体一样——其本质（essentia）是权力意志，他的生存（existentia）就是相同者的永恒轮回。但由于海德格尔放弃了本质（essentia）和生存（existentia）之间的流传下来的区别，因此他对尼采的形而上学的两个基本词语'权力意志'和'永恒轮回'的解释的结果就是，尼采从根本上就没有思考什么本质上新的东西，而只是思考一些完成性的东西，它们很久以来就对形而上学起着指导作用：通过一种尚未被思考的'本质'和一种尚未被思考的'生存'，而在其存在中思考对存在者的规定。除此之外，他对权力意志和永恒轮回之间的关系就没有更进一步的讨论了。"①由此我们可以看到，洛维特与海德格尔无论是在对尼采哲学的整体理解上还是在对具体问题的判定上都存在着较大的理论分野。

第三节　作为虚无主义之完成的尼采

　　按照尼采对虚无主义本质的把握以及他的强力意志哲学的标准，他似乎已经解决了克服虚无主义的问题。但海德格尔认为，尼采以虚无主义的方式来思考虚无主义，他的形而上学是本真的虚无主义。"尼采的形而上学就不是一种对虚无主义的克服。它乃是向虚无主义的最后一次卷入。"②所以，尼采哲学不是对虚无主义的克服，而是对虚无主义的最终完成。那么，海德格尔的上述结论缘于何处？"海德格尔对待尼采哲学的态度取决于海德格尔关于虚无主义的立场。"③他认为，虚无主义的本质就是形而上学，而尼采的强力意志哲学将近代主体形而上学发挥到极致，穷尽了形而上学的所有可能性，尼采对虚无主义的克服反而演变为对虚无主义的最终完成。"对海德格尔来说，虚无主义是'西方历史的基础性运动'，这一运动的基本特征在尼采的超人和强力思想中得以体现。"④

　　尼采认为，虚无主义的本质是最高价值之自行贬黜的历史，这就需要对以往价值进行重估，这种评估需要一种新的价值设定

---

　　①　洛维特. 尼采[M]. 刘心舟译. 中国华侨出版社，2019：366 - 367。

　　②　海德格尔. 尼采[M]. 孙周兴译. 商务印书馆，2012：1033。

　　③　Boris V. Markov. Heidegger and Nietzsche. *Russian Studies in Philosophy*，2011(50)，p. 34.

　　④　安东尼娅·格鲁嫩贝格. 阿伦特与海德格尔——爱与思的故事[M]. 陈春文译. 商务印书馆，2010：208。

原则,而这个原则在尼采那里便是强力意志。因为尼采从价值思想出发把握虚无主义,并且把强力意志作为价值设定新的原则,这样,对虚无主义的克服就演变为一种对作为强力意志的存在者整体的解释,新的价值设定就演变为强力意志的形而上学。而这种主体形而上学始于笛卡尔,接踵而来的是莱布尼茨,尼采与前两者具有一脉相承的本质联系。笛卡尔开创了形而上学主体化的开端。在海德格尔看来,笛卡尔的"我思故我在"说的是,我的存在是由表象规定的,我是作为表象者才存在;一个存在者只有经过被表象过才是真实的存在者。从笛卡尔开始,存在演变为一种被表象状态,它重新规定了真理与存在的本质。通过笛卡尔哲学,主体在近代取得了支配地位。这种支配地位作为一种隐秘的刺激,推动着现代人不断走向新的觉醒,迫使现代人去承担更多的义务,更多的保障其行动安全与可靠性的义务。这种刺激可以是启蒙运动、实证主义,可以是自力更生的国家的强力发挥,可以是全世界无产者,可以是个别的民族和种族;可以是个体发展,群众组织;也可以是尼采的超人类型,它不允许单调的平均主义,它需要一个独特的等级,如普鲁士军队和耶稣教团等,它实现的是对整个地球统治权的斗争。人类生存于其中的现实世界的每一个历史性基础都存在于形而上学中。"对于现代形而上学的奠基工作来说,笛卡尔的形而上学乃是决定性的开端。它的使命是:为人的解放——使人进入新自由(作为自身确信的自身立法)之中的解放——奠定形而上学的基础。"①

然而,笛卡尔意义上的真理在尼采那里只是一种必要价值,而不是最高价值。因为一切现实之物都是生成,而一切表象都是对生成的固定,因而就不会如其所是地显示生成者。表象只给出现实之物的假相而已。也正是在这个意义上,尼采才说,真理是

① 海德格尔.尼采[M].孙周兴译.商务印书馆,2012:832。

一种谬误,却是一种必要的谬误。这是一种求真理的意志,求确信的意志,把确信解释为求固定化的意志。而这种意志学说在海德格尔看来并不是尼采的独创,"唯在莱布尼茨的形而上学中,主体性形而上学才完成了它的决定性开端"①。在莱布尼茨那里,单子作为原始作用力与亚里士多德的隐德莱希具有密切关系。而亚里士多德的基本概念即实现,也就是潜能却指示着强力意志,这样就找到了作为强力意志的存在的历史性起源。而尼采哲学则把一切存在者都变成"人的所有物和产物",完成了对笛卡尔哲学的极端展开,他的超人(über-Mensch)建立了对地球的无条件统治地位,把人置于万物无条件的唯一尺度的地位之中,成为强力意志无条件主体性的形而上学。这种形而上学意味着形而上学的终结,因为形而上学的本质可能性在此时已经完全发挥了出来。这也就是本真的虚无主义。"尽管有种种深刻洞见,但尼采没有能够认识到虚无主义的隐蔽本质,原因就在于:他自始就只是从价值思想出发,把虚无主义把握为最高价值之贬黜的过程。而尼采之所以必然以此方式来把握虚无主义,是因为他保持在西方形而上学的轨道和区域中,对西方形而上学作了一种臻于终点的思考。"②在这里我们看到,海德格尔看到了尼采哲学在历史上的双重性,即它对传统形而上学的革命性与在未来哲学上的不足性,"在某种意义上说,尼采揭去了形而上学的'皇帝的新衣',但却从反面重新激发了存在的'急难'"③。海德格尔认为,人类必须经历这一过程,必须允许虚无主义的发展,它是存在之天命使然,只有这样才能实现向另一开端的过渡。"海德格尔认为,人类必须被驱使到这样一个位置,被迫去经历上帝之死,只有这样一个

---

① 海德格尔.尼采[M].孙周兴译.商务印书馆,2012:928。
② 海德格尔.尼采[M].孙周兴译.商务印书馆,2012:741。
③ 张志伟.轴心时代、形而上学与哲学的危机——海德格尔与未来哲学[J].社会科学战线.2018(9):26。

新的未来才是可能的。只有通过经历上帝之死与完全的虚无主义，西方才能够有希望踏上一条新的道路。"①当然，这里我们也同样看到了在评价尼采哲学时海德格尔所表现出的双重性，即从基础存在论角度来说，尼采表现出了反传统形而上学革命性的一面；从存在历史的角度来说，尼采表现出了本真虚无主义的一面。"海德格尔对尼采的解释具有不寻常的矛盾性。一方面他认为尼采成功地使存在意义与其他科目分离出来了，甚至成功地建立起一种用来思考什么是存在意义的方法论。另一方面，他认为尼采脑子里的本能倾向使他滑回到用形而上学来思考，其结果是虚无主义。"②

第四节　谁是虚无主义的终结者？

一如海德格尔将尼采看作"最后一位形而上学家"这一论断饱受非议，他将尼采哲学看作是"虚无主义的最后完成"也同样受到他的同侪与后辈的严厉批判。海德格尔的学生卡尔·洛维特（Karl Löwith）就说，"针对尼采对虚无主义的克服，海德格尔说，其实这只是虚无主义的完成，因为它没有让存在如其自身存在。然而，他本人却极少让尼采的思想和其自身存在，他在讨论尼采本人的虚无主义言论时'预先'确立了自己的观点，以便能够以他自己的方式研究虚无主义问题"③。很显然，洛维特是反对海德格

---

① Gregory Bruce Smith. *Nietzsche-Heidegger and the Transition to Post modernity*. The University of Chicago Press, Chicago and London, 1996, p. 230.

② 格尔文.《从尼采到海德格尔》. 载《尼采在西方》. 刘小枫、倪为国选编. 上海三联书店，2002年，第517页。

③ 洛维特等. 墙上的书写——尼采与基督教[M]. 田立年、吴增定译. 华夏出版社，2004；127。

尔将尼采看作是虚无主义完成者的。在这些反对者中,冲锋陷阵者当属海德格尔的学生列奥·施特劳斯(Leo Strauss),因为在施特劳斯看来,海德格尔哲学是激进的历史主义[①],而历史主义对现代文明采取绝对拒斥的态度,而希望返回到前现代的历史传统之中,这样必然导致蒙昧主义的结果,所以,海德格尔哲学是极端的虚无主义。不仅如此,施特劳斯在他的著名论文"现代性的三次浪潮"中将尼采与海德格尔一并视为现代性危机的最大推动者,并实现了虚无主义的完成。尼采应该"对法西斯主义负责,其分量之多,一如卢梭之于雅各宾主义"。[②] 他之所以得出这一论断是基于他对历史主义本质的认识,而从更大的视野来看则是基于他与其他二者对虚无主义本质的不同认识:尼采认为,虚无主义的本质是最高价值的自行贬黜,进而从价值形而上学角度克服虚无主义;海德格尔认为,虚无主义的本质是形而上学,进而从克服形而上学角度克服虚无主义;而施特劳斯认为,虚无主义的本质是历史主义的极端化,进而从克服历史主义的角度来克服虚无主义。

在施特劳斯看来,所谓历史主义就是认为"所有人类的思想都是历史性的,因而对于把握任何永恒的东西来说都是无能为力的。如果说,对古典派而言,哲学化就是要走出洞穴的话,那么对我们的同代人来说,所有的哲学化本质上都属于某一'历史世界'、某一'文化'、'文明'或'世界观'——那也正是柏拉图所称之为洞穴的。我们把这种观点叫做'历史主义'"[③]。也就是说,在历

---

① 邓晓芒先生在"欧洲虚无主义及其克服——读海德格尔《尼采》札记"(《江苏社会科学》,2008年,第2期,第1-8页)一文的最后认为,"历史主义是克服欧洲虚无主义的钥匙"。但并未对这一论断做出任何解释。

② 施特劳斯.苏格拉底问题与现代性——施特劳斯讲演与论文集:卷二[C].刘小枫编.华夏出版社,2008:46。

③ 施特劳斯.自然权利与历史[M].彭刚译.生活·读书·新知三联书店,2011:13-14。

史主义看来,任何一种哲学思想或一个哲学概念都是一定历史时期的产物,不存在任何超时间、跨地域、对任何民族群体都有效的思想准则与行为规范。施特劳斯认为,历史主义经历了不同的历史阶段,但总体来说,它们具有大致的家族相似性:第一,抛弃了绝对、永恒、不变的超验世界,如理念、上帝等;第二,否定了人类具体行为的客观价值标准,使其成为人自由决断与选择的主观性过程;第三,导致了相对主义、多元主义与怀疑主义,动摇了人们固有的思想与信念。其结果便是,人们好像具有纯粹的家园之感,实际上人们完全处于无家可归状态。在施特劳斯看来,历史主义是导致现代西方文明危机的主要原因,在历史主义的影响下"现代西方人再也不知道他想要什么——他再也不相信自己能够知道什么是好的,什么是坏的;什么是对的,什么是错的"①。因为是非善恶、最佳政体、最佳生活方式等问题都是政治哲学的主题,所以,现代性的危机首先表现为政治哲学的危机也就不足为怪了。在施特劳斯看来,尼采与海德格尔之所以是虚无主义的完成者,是因为他们植根于历史主义这一现代哲学的偏见之中,并把历史主义推进到极端:一切都基于某一历史时刻的决断,人类行为丧失了得以遵循的传统、习俗的道德基础。他们不但没有阻止西方文明的危机,而且加深了这种危机,"历史主义的顶峰就是虚无主义"②。

尼采基于对虚无主义本质的认识,展开对柏拉图主义的批判,重新评估价值,设定新价值,认为超感性领域的建立是起源于弱者的一种怨恨心理,是奴隶意志的表现,因此尼采要张扬充满强力意志的主人道德,建立强力意志与永恒轮回为核心的形而上

---

① 施特劳斯. 苏格拉底问题与现代性——施特劳斯讲演与论文集:卷二[C]. 刘小枫编. 华夏出版社,2008:32。

② 施特劳斯. 自然权利与历史[M]. 彭刚译. 生活·读书·新知三联书店,2011:19。

学,实现对当下的最大肯定,把历史看作是一个绝对时刻,以达到克服虚无主义的目的。海德格尔同意尼采的观点,认为虚无主义是西方历史的内在逻辑与发生法则。它始于柏拉图的形而上学,突出表现于笛卡尔的近代主体形而上学对存在的进一步遮蔽。虚无主义就是西方形而上学的历史,是现实发生的现代性的历史,是人类无可回避的宿命。与尼采不同,海德格尔认为,克服虚无主义应该从存在的视角而非价值的视角。尼采的价值哲学最终演变为以强力意志为核心的主体形而上学,而这恰恰是虚无主义的完满实现。海德格尔认为,尼采之所以走向虚无主义,是因为他没有思考虚无主义的本质。"本真的虚无主义的基础既不是强力意志的形而上学,也不是意志形而上学,而唯一地是形而上学本身。形而上学作为形而上学乃是本真的虚无主义。"①虚无主义是表示形而上学历史性本质的名称。正是自柏拉图以来的形而上学思维方式导致了虚无主义,这种思维方式将存在者思考为存在,将虚无本身看作一个存在者、一个对象。因此,克服虚无主义的出路在于重新唤起对虚无的追问,对存在的追问。"虚无主义的本质是这样一种历史,在其中,存在本身是一无所有的。"②

　　海德格尔通过重拾存在问题来克服虚无主义。"正是由于海德格尔的哲学思考,虚无主义才在真实意义上获得了一种科学形而上学的形式。"③他通过对此在的生存论分析来达到对存在的时间性理解。在《存在与时间》中,海德格尔认为存在问题被柏拉图、亚里士多德带向了错误轨道,他们的存在规定根本上是从世内存在者中抽取出来的。在存在概念上古今思想并没有根本差异,笛卡尔以来这种衰退趋势只是变得更加严重了。通过对以笛

---

①　海德格尔.尼采[M].孙周兴译.商务印书馆,2012:1036。

②　海德格尔.尼采[M].孙周兴译.商务印书馆,2012:1031。

③　Nishitani Keiji. *The Self-Overcoming of Nihilism*, Translated by Graham Parkes, State University of New York Press, 1990, p. 157.

卡尔为代表的近代主体哲学的解构,海德格尔指明,主客二元思维隐含着一种对世界的"略过"。这里有一种存在理解在暗暗起作用,在这种理解中存在(sein)被把握为一种世内存在者(das Seiende)的持续现成状态。这种理解源于柏拉图和亚里士多德。现成在手状态(Vorhandenheit)是上手事物(Zuhandene)的一种蜕变,存在者首先在上手状态中被给予,上手状态又源于作为此在之生存(Existenz)性质的意义。海德格尔就此将虚无主义的本质解释为"存在之被遗忘状态"。这种遗忘状态并不是哲学家个人的失误,也不是由此在中的衰退先验引发的,而是由存在本身出发的一种历史性运动。"海德格尔把虚无主义的本质解释为存在之为遗忘状态。这种被遗忘状态并不是哲学家个人的失误,也不是由此在中的衰退趋势先验'引发'的,而是从存在本身出发的一种历史性的运动。"①尼采在此占据着一个特殊的位置,因为他的思想是形而上学的完成。"海德格尔之所以解读尼采,不仅是因为惟尼采彻底揭示了形而上学的虚无主义本质,也是因为尼采由此而彻底摒弃了存在问题,所以他对形而上学的终结也使他成为最后一位形而上学家。"②海德格尔认为,尼采把存在构想为强力意志,这是最极端的"世界之人化"。尼采所完成的不仅是现代的主体性思想,而且是全部的西方形而上学,在其中存在被思考为"持续的在场状态",作为"生成的思考者"(Denker des Werdens),尼采把最高的强力意志思考为在场状态中的"生成的持续",他以这种方式结束了哲学的传统。在海德格尔看来,尼采没有意识到,存在者整体从中而来被经验的样式是由存在本身发

---

① 阿德·费尔布鲁格(Ad Verbrugge).西方的返乡——斯宾格勒和海德格尔思想中的尼采与虚无主义历史,载阿尔弗雷德·登克尔等编,《海德格尔与尼采》,孙周兴、赵千帆等译.商务印书馆,2015年,第288-289页。

② 张志伟.尼采、虚无主义与形而上学——基于海德格尔《尼采》的解读[J].中国高校社会科学,2016(06):64。

送给人类的,这种自行隐匿的发送正是虚无主义的本质。"尼采以其虚无主义激发了存在的急难,从而进一步加剧了海德格尔的'震惊'。"①

而在施特劳斯看来,海德格尔将传统哲学的"存在—恒在"转换为"存在—去生存",即他将存在的永恒性转换为具有时间性特征的此在的生存性,抛弃了传统理性哲学的真理维度,最终否定了通过超时空的形而上学思想来探寻人类根本问题的可能性;海德格尔也否定了上帝的超验存在,诉诸存在论意义上的烦、畏、死、良知与决断等生存论概念来解决此在之生存问题;在否定了理性哲学与上帝存在后,海德格尔进一步否定了政治哲学与道德哲学。与尼采同道,他对哲学进行一种非政治性的考察,诉诸希腊悲剧与诗化哲学,而抛弃了以研究超历史的最佳生活秩序为对象的古典政治哲学的种种节制与审慎的美德。道德或者来源于理性或者来源于对上帝的信仰,在海德格尔那里二者都不存在了,所以具有普遍性的道德原则也就不存在了。施特劳斯认为,海德格尔与尼采的观点与虚无主义不谋而合:世界没有永恒不变的基础,只有生成变化本身,没有不变的法则与永恒的真理,没有关于美丑、善恶、是非的标准。既然没有一个终极的绝对,那么也就没有必要去追求哲学上的永恒真理与信仰上的终极关怀。那么人类也没有必要为一些遥不可及的目标而做出牺牲,这样很可能会被暂时的欲望所引导,进而导向享乐主义。但也可能摧毁以往的一切价值标准,将自身确立为人类活动的最高准则,进而导向纳粹主义。

施特劳斯认为,海德格尔虚无主义的基础就是历史主义,他不但没有阻止西方文明的危机,反而助长了这一危机,并以法西

---

① 张志伟.尼采、虚无主义与形而上学——基于海德格尔《尼采》的解读[J].中国高校社会科学,2016(06):64。

斯主义的形式表现出来。海德格尔对现代性的批判仍囿于现代性的局限之中，即囿于"一种对人类生存的解释模式，它最终乃源于一些成问题的原则与现代哲学的危机"①。他将历史和命运结合起来，强调某一特定时刻的突然到来，将历史主义推进至极端："正是海德格尔拈出的所谓'绽出'(ekstasis)或他后期特别喜欢用的所谓'突然发生'(Ereignis)，根本地开启了以后的所有后现代哲学的思路：一切所谓的历史、世界、人，都是断裂的、破碎的、残片式的，一切都只不过是一个'突然发生'的偶在而已。"②在海德格尔看来，虚无主义的根源在于古代的柏拉图主义与现代的笛卡尔主义的一脉相承性，所以，古典哲学应该为现代技术主义的泛滥负责。施特劳斯则认为，海德格尔为克服这种意义的虚无主义，消除了绝对意义上的哲学基础和宗教前提，从而消除了理性与信仰的永恒价值，最终否定了政治哲学与道德哲学存在的必要性，将历史主义推到极端，而极端的历史主义就是虚无主义。海德格尔只看到柏拉图、基督教与现代理性主义的内在一贯性，将其视为存在—神—逻辑学机制，而忽视了它们的断裂性，这可以通过古典哲学的诸种美德对现代性危机进行矫正。

国内学者关于海德格尔通过尼采克服虚无主义的努力也持一种保留与批判态度，如张志伟先生认为，"就其对形而上学的批判而论，海德格尔颠覆了传统，而就海德格尔试图从形而上学存在历史而思存在而论，海德格尔却又是传统的继承人。在某种意义上说，海德格尔站在传统与未来'之间'，或者说，站在形而上学

① 施特劳斯.苏格拉底问题与现代性——施特劳斯讲演与论文集:卷二[C].刘小枫编.华夏出版社,2008:271。
② 甘阳.《政治哲人施特劳斯:古典保守主义政治哲学的复兴》.载于《自然权利与历史》,彭刚译.生活·读书·新知三联书店,2011:14。

与未来哲学'之间'"①。邓晓芒先生也对海德格尔克服虚无主义的理论努力持强烈的批判态度,"海德格尔从尼采的最后的虚无主义(或最后的形而上学)出发,企图通过追溯西方形而上学的源头来克服欧洲虚无主义的计划,并没有得到切实的实现。实际上,他所设计的是一个不可能完成的计划,……他的'道路'仍然只不过是从思想通往(未来)形而上学的道路,而他的'源头'仍然是某种价值论"②。通过以上论述,我们可以看到,针对虚无主义的争论一直是一个悬而未决的问题,这也许是哲学的本性使然。但有一点可以肯定的是,海德格尔哲学似乎并不比尼采哲学更少虚无主义。

---

① 张志伟.轴心时代、形而上学与哲学的危机——海德格尔与未来哲学[J].社会科学战线.2018(09):27-28.
② 邓晓芒.欧洲虚无主义及其克服——读海德格尔《尼采》札记[J].江苏社会科学.2008(02):6。

第三章　海德格尔对尼采艺术观的本体论阐释

第一节　作为本体论的尼采美学

　　尽管在第一个讲座《作为艺术的强力意志》中，海德格尔就将尼采定格为最后一位形而上学家，但相比于他之后的尼采讲座与论文来说，这里仍表现了与尼采哲学的最大认同，这种认同的基础在于他前期的基础存在论哲学，其目的是将尼采从纳粹的意识形态宣传中拯救出来，同时也使自己的哲学与这一理论形态区分开来。但与此同时这个讲座也表现出对尼采哲学的批判态度，而这一立场的基础则是他在《艺术作品的本源》所表达的"存在之真理"的思想，"海氏在这里恰恰是要开启一种非美学的或后美学的艺术考察方式，所以更应该说是一本反美学的著作；而且根本上，美学理论也不是海德格尔的思想志愿和目标，海氏在《艺术作品的本源》中说的是艺术，而追问的却是'存在之真理'，是他头一次完整地公开表达出自己后期思想的框架"①。从海德格尔尼采阐释之路的发展历程来看,它处于尼采讲座的第二阶段,即批判与拯救阶段。因此,海德格尔在《作为艺术的强力意志》中所表达的思想存在一种巨大的张力,它既表现为对尼采哲学的强烈认同,也表现为对尼采哲学的强烈批判,这又源于海德格尔始终将尼采哲学摆置在他所设定的哲学的"主导问题"与"基础问题"之间。

　　抛开海德格尔尼采讲座发生的政治、历史背景,单纯从理论维度来说,海德格尔在 1936 年开始讲授尼采的《作为艺术的强力意志》似乎显得有些突兀。的确,在 1936 年的尼采讲座之前,相比于哲学史上的其他人物,海德格尔很少公开涉及尼采。但从他 1933 年担任校长之职这一政治介入活动来看,尼采讲座之前的这段时期恰恰是他受尼采影响最大的时期,应该说与尼采之间存在着一种绝对的隐秘认同。如第一章所述,他在 1925 年的《时间概念史导论》中说,现象学应该"与哲学中的所有预言相对,与所有要成为某种生活指导的倾向相对,而支持走这一条探索性的道路。哲学研究从来都是并依然是无神论的,因此它才能让自己大胆去作'思想的僭越'(Anmassung),不仅是它要去进行这种僭越,而且这种僭越还是哲学内在的必需和原本的力量,而正是缘于这种无神论,哲学才会成为一位伟人所说的'快乐的科学'"。② 在 1927 年《存在与时间》第 53 节"对本真的向死存在的生存论筹划"中,他引用了尼采《查拉图斯特拉如是说》中的"论自由之死";在第 76 节"历史学在此在历史性中的生存论源头"中,他引用了尼采的《不合时宜的考察》第二部,认为关于历史学对生命的用处与滥用,尼采"认识到了本质的东西",同时,"他

①　孙周兴.海德格尔与德国当代艺术[J].学术界,2017:(8):5。
②　海德格尔.时间概念史导论[M].欧东明译.商务印书馆,2009:106。

领会的比他昭示出来的更多"①。这些都表明了尼采与海德格尔的一种亲密关系。虽然海德格尔直到 1934 年在关于荷尔德林的讲座中与 1935 年《形而上学导论》中才讨论艺术，但早在 1924 年，在关于亚里士多德《尼各马可伦理学》的解释中，海德格尔就根据早期此在存在论谈论了对希腊艺术的理解。1924 年的讲座在某种程度上已经讨论了 1935 年《艺术作品的本源》的问题，强调了艺术的本体论地位。1931 年《论真理的本质》也表达了停止将艺术问题看作是一个美学问题的思想。因此，当我们从海德格尔与尼采关系的视角来审视海德格尔的思想之路时，那么，1936 年《作为艺术的强力意志》的讲座便显得不那么突兀了。

海德格尔在《作为艺术的强力意志》中分两个步骤对尼采的艺术观进行了解析，第一个步骤专注于对尼采"强力意志"（Der Wille zur Macht）概念本身的初步分析。在这一步骤中，海德格尔以他基础存在论的观点来理解尼采的强力意志概念。第二个步骤专注于对尼采将艺术看作强力意志最易透视的形态这一问题的分析。在这一步骤中，海德格尔以他对形而上学史的解构来分析艺术。通过这两个步骤，海德格尔传达了他的两个主要理论意图：第一，通过对尼采强力意志的解读，海德格尔表明，他前期基础存在论的哲学思想已经表达出了尼采哲学的真正基础。第二，通过对尼采艺术观的理解，海德格尔想证明，他于 1935 年所撰写的《艺术作品的本源》实际上是对尼采艺术观的重要修正。因此，如果我们不理解海德格尔的《存在与时间》与《艺术作品的本源》②，那么就很难理解他对尼采艺术观与"强力意志"概念的阐

---

①　海德格尔. 存在与时间[M]. 陈嘉映、王庆节合译. 生活·读书·新知三联书店,2006:447-448。

②　当然，理解两部著作的基础仍然是海德格尔的现象学方法，这在后一部著作中同样有所体现，孙周兴先生认为，"海德格尔此时不再使用'现象学'这个名（转下页）

释以及他如此阐释的理论意图。

　　海德格尔在《尼采》中以这样一个问题来开始对尼采哲学的理解，即为什么要从"作为艺术的强力意志"来讨论尼采？因为在尼采那里，艺术是强力意志的最高形态，通过对尼采艺术观的认识，海德格尔便可以更好地把握尼采哲学的形而上学本质，从而也为自己的艺术之思想开辟道路。既然尼采哲学是颠倒的柏拉图主义，那么尼采对艺术的沉思也是对柏拉图主义艺术观的颠倒。海德格尔援引尼采笔记的一个说法，"我的哲学乃是一种倒转了的柏拉图主义：距真实存在者越远，它就越纯、越美、越好。以显象中的生命为目标"①。在柏拉图那里存在着理念世界与现象世界之分，理念世界是不动不变的，是真理之所在。现象世界是变动不居的，是不真实的，依理念世界而存在。而艺术是对现象世界的模仿，是现象之现象，离理念世界最远，所以是最不真实的。同时，在柏拉图哲学中，人的灵魂可以分为理性、激情与欲望，而欲望带来人的理智的迷狂，阻碍着灵魂对理念的认识，而欲望又居留于生命的肉身之中，所以，应该压制、谴责肉身性的生命，而欲望和本能也应该得到理性的驾驭。总的来说，对感性世界的否定与对本能、欲望、肉身生命的蔑视构成了柏拉图主义的重要主题。继而，柏拉图两个世界的对立逐渐演变为两种生活的对立，两种道德的对立，两种美的对立与两种真理的对立。"从前，灵魂轻蔑地看着肉体：而且在当时，这种轻蔑就是至高的事情

（接上页）号，当然并不意味着他不再运用这种新的哲思方法，相反，现象学在此以艺术之名展开出来。没有这种哲思路径的改变，海德格尔就不可能在《艺术作品的本源》中形成他的'真理美学'（Wahrheits ästhetik），以此回应黑格尔的'艺术终结论'"。同时，孙周兴先生将现象学"而且多半是在海德格尔意义上讲的现象学"勾画为三个方面的特征，即"无前提性和直接性/直观性""非主体性思想或多元思想的可能性""二重性之思或守护神秘与幽暗"。请参见，孙周兴. 海德格尔与德国当代艺术[J]. 学术界，2017年第 8 期，第 5 - 15 页。

　　①　海德格尔. 尼采[M]. 孙周兴译. 商务印书馆，2012：182。

了——灵魂想要身体变得瘦弱、恶劣、饥饿。灵魂就这样想着逃避肉体和大地。"①尼采的思想方式就是对这种柏拉图主义的颠倒,因为颠倒可以形成新的价值秩序。他强调感性世界的重要地位,强调肉身生命的重要地位。尼采关于艺术的诸命题也都是一种颠倒:艺术比真理更有价值;艺术是生命的伟大兴奋剂;必须从创造者角度而不是从接受者角度来理解艺术。因此,只有从尼采张扬艺术,肯定生命的总体立场出发才能真正理解尼采的整个哲学。"尼采的酒神精神是肯定生命的原则:狄奥尼索斯的肯定原则最后落实于'相同者的永恒轮回'(所谓'最高的肯定公式')和'超人'(所谓'权力意志的最高形态')。"②海德格尔通过对尼采关于艺术的五个命题的阐释来达到对尼采艺术观的总体描述,从而回答了艺术为什么对尼采的价值设定具有决定性意义,同时也回答了他为什么以"作为艺术的强力意志"为起点开始他漫长尼采讲座的原因。

对尼采来说,为什么关于新价值设定的原则,艺术具有决定性意义? 或者说,为什么一种对强力意志核心部分的解释必须从艺术开始? 在回答这个问题之前,海德格尔一再强调,哲学的基础问题是:什么是存在本身;哲学的主导问题是:什么是存在者。而当我们追问存在者整体时,我们即把存在者带入存在之敞开域、存在之无蔽状态中,即真理之中。这样,真理问题与存在问题便同属于哲学的基础问题领域。作为新的价值设定原则的强力意志,是一切存在者的领域发生的基本事件,而艺术在其中具有一种突出地位,同时也必然与真理相联。海德格尔解释的哲学视角并不简单地追问哲学的主导问题,而是追问关于存在意义的基础问题,而这个问题从来没有被尼采清晰地提出过。这就是为什么海德格尔认为,"当我们追问主导问题(什么是存在者?)和基础

---

① 尼采.查拉图斯特拉如是说[M].孙周兴译.上海人民出版社,2009:7-8。
② 孙周兴.尼采与现代性美学精神[J].学术界,2018(6):16。

问题(什么是存在?)时,我们问的是:'什么是……?'对存在者整体的揭示和对存在的揭示乃是思想的目标。存在者应当被带入存在本身的敞开域中,而存在应当被带入其本质的敞开域中。我们把存在者之敞开状态称为无蔽状态——aletheia[无蔽],即真理。哲学的主导问题和基础问题追问存在者是什么和存在真的是什么"①。因此,如果强力意志是尼采对哲学主导问题的回答,那么这个答案就应该决定存在者的真理。如果艺术是强力意志的突出形态,那么真理问题一定在尼采对艺术概念的阐释中起着决定性作用。海德格尔考查的目的就是通过对尼采艺术观的阐释发现通向存在本身之真理的决定性道路。

第一,艺术是强力意志最易透视与最熟悉的形态,所以,作为新的价值设定原则的强力意志必须从艺术开始。强力意志是对感性世界的肯定,艺术是最接近感性世界的形态与领域。艺术建立在审美状态之上,而审美状态必须从生理学上去把握,身体与各种生理现象是生理学上最熟悉的东西,肉身之人本身就置身于各种生理现象之中,而不是一个我们认识了就熟悉,不认识就陌生的一个存在者领域。艺术正是建立在这些存在者之上的,所以是最熟悉的形式。既然我们生存于这种审美状态中,那么这种存在关系上的确定性就会成为我们认识世界的绝对视角与出发点②。事实上,海德格尔是承接尼采的思考来反对黑格尔的艺术终结论,既而反对传统形而上学的。《艺术作品的本源》就是以回应黑格尔的"艺术终结论"的面目出现的,"在此文本中,海德格尔形成了一种'真理美学',即一种艺术真理论/本源论,以此来应答

---

① 海德格尔.尼采[M].孙周兴译.商务印书馆,2012:77。

② 关于尼采对现代美学的规定性作用,孙周兴先生做出了精当概括,即"以冲突论反对和谐论""以神话性抵抗启蒙理性""以身体性反对观念性""以艺术性反对真理性和道德性""以瞬间论反对永恒论""艺术—哲学关系的重构"。请参见,孙周兴,尼采与现代性美学精神[J].学术界,2018年第6期,第5-16页。

黑格尔的'艺术终结论'"①。在黑格尔那里,尽管艺术在希腊能够表现真理,但存在更高级的真理,它们在后来才得以彰显,并且它们不能在艺术里表现出来。黑格尔由此认为,艺术已不再能满足人类的最高精神需要,艺术是某种过去的东西,它远离了对真理的真实表现,这种真理只能由宗教与哲学表达出来。"黑格尔断言,艺术已经丧失了强力,已经不能成为决定性的对绝对者的赋形和保存力量了;黑格尔的这个说法也就是尼采鉴于'最高价值'(宗教、艺术、哲学)而认识到的情况:人类历史性此在在存在者整体上的奠基已经缺失其创造性力量和维系力量。然而,不同之处在于,对黑格尔来说,艺术——与宗教、道德和哲学不同——已经陷于虚无主义之中,变成过去了的、非现实的东西,而尼采却在艺术中寻求虚无主义的反运动。"②海德格尔是参照黑格尔"艺术已经过去"的论断来谈这种联系的。"对黑格尔来说艺术是某种过去的东西,因为它被宗教与哲学抛弃了;尼采却看到不同的东西:宗教与哲学才是某种过去的东西,它们走向了虚无主义;而只有艺术提供了克服虚无主义的可能性。"③

第二,艺术必须从艺术家角度去理解,这是颠倒的柏拉图主义的题中之义。也就是说,艺术必须从生产者、创造者角度去理解,而不是从接受者、欣赏者和体验者角度去理解④。在尼采那

---

① 孙周兴.海德格尔与德国当代艺术[J].学术界,2017;(8):9。

② 海德格尔.尼采[M].孙周兴译.商务印书馆,2012:106。

③ 约翰·萨利斯(John Sallis).《克服美学》,载阿尔弗雷德·登克尔等编,《海德格尔与尼采》,孙周兴、赵千帆等译.商务印书馆,2015年,第247页。

④ 约翰·萨利斯(John Sallis)在《克服美学》一文中探讨了作为美学之极端化的尼采美学。该文是对海德格尔阐释的一个补充,关注尼采对美学的颠倒,通过这一颠倒,尼采把传统的指向接受者的美学(女性美学)替换为艺术家的美学(男性美学)。通过总结海德格尔如何规定尼采美学的界限,该文阐明了美学是如何在以艺术作品为指向的思想中被克服的。请参看:阿尔弗雷德·登克尔等编,《海德格尔与尼采》,孙周兴、赵千帆等译.商务印书馆,2015年,第244-258页。

里,艺术与艺术作品的概念被大大地拓宽了。艺术是强力意志的一个形态,还有强力意志的其他形态:哲学、宗教、道德、科学、认识、个体、社会、自然等,艺术指的是诸种生产能力,凡是有生产能力的存在者都是艺术家,手工业者、教育家、政治家、大自然本身都是一位大艺术家,传统关于美的艺术只是原来艺术概念的一种而已,而艺术创造就存在于艺术家的生产活动中。在尼采意义上,世界本身就是一件艺术作品,也包括有机体和各种组织如普鲁士军团、耶稣教团等,这些存在者都可以看作宽泛意义上的艺术家所创造的艺术作品。海德格尔认为,尼采并不是博取一时的新奇,以表现出与以往美学的不同之处而进行颠倒的,尼采看到了艺术对历史的奠基意义。尼采在从女性美学到男性美学的颠倒的基础上优先关注艺术家,把艺术置于艺术家的审美状态中去理解。海德格尔认为,观看者与艺术作品的关系不是通过对作品创作的接受而构成的。可能的方向是"通过一种以完全不同的方式进行的、从作品本身出发对艺术进行的追问才能显示出来。而我们前面对尼采美学的描绘大概已可以清晰地表明,他对艺术作品的讨论是多么稀少"①。但海德格尔就尼采从女性美学到男性美学的转折却这样写道,"这样一来,尼采对艺术的追问便成了一种趋于极端的美学,这种美学可以说是自己栽了跟头。"②这一论断一方面强调了尼采男性美学的形而上学性,另一方面也预示了海德格尔在尼采的男性美学中看到了艺术的出路,"在这种从艺术形而上学的最后撤退中,在这个最后的美学中,美学本身以一种这样的方式瓦解了,以至于它的解构(Dekonstruktion)带来了艺术的真正元素的一次开启。在这个此岸的运动对于美学的扬弃来说是建构性的(konstitutiv)。正是在上述这样一个整体的艺

① 海德格尔.尼采[M].孙周兴译.商务印书馆,2012:139。
② 海德格尔.尼采[M].孙周兴译.商务印书馆,2012:89。

术史背景下海德格尔展开了对尼采美学特殊形态的争辩"①。而这种建构性则在《艺术作品的本源》中得以呈现。

第三，根据被拓宽了的艺术概念，艺术是一切存在者的基本特征，因为一切存在者就存在着而言是自我创造者或者被创造者。在尼采那里，艺术活动是生命力得以彰显和提高自身的创造性活动，而艺术作品则以有机的形式彰显了创造者生命力的完满与丰盈。真正的艺术家，是充溢着力量的人，是人的理想与最高参照，以此衡量出其他人处于生命力等级的哪一阶梯，从而显现他们生命力丰富或贫乏的程度。总之，力决定等级，从而决定意义和价值。尼采在艺术与哲学上的精英主义立场强烈影响了海德格尔。同样，在尼采那里，艺术能力也不仅是指表现在某个画家或音乐家身上的一种艺术天分，从更普遍的意义上来讲，它主要是指作为自然意志存在于人身上的酒神精神与日神精神两种艺术冲动。艺术家也不单单是指那些能够创造出狭义的艺术作品的人，在尼采看来，在规范、引导、塑造人的意义上哲学家也是艺术家，而人就是他的艺术作品。同时，自然也可以是真正的艺术家，因为一切艺术冲动都源于自然。尼采也经常在民族精神的背景下考察艺术，这种背景大大削弱了艺术家的作用，他只不过是一个必要的通道，民族精神的运动变化才主宰着艺术的命运、意义与价值。从这个意义上来讲，希腊民族才是希腊悲剧的作者。"人们最好肯定是把一个艺术家跟他的作品分离到这样一个程度，让人们对待他本人不像对他的作品那样严肃。他最多不过是他作品的前提条件，是子宫、土壤，在某些情况下是肥料和粪便，在它上面、从它中间生长着作品，——因此之故，在大多数情

---

① 约翰·萨利斯(John Sallis).《克服美学》，载阿尔弗雷德·登克尔等编，《海德格尔与尼采》，孙周兴、赵千帆等译. 商务印书馆，2015 年，第 250 页。

况下,它是某种人们想要享受作品本身就必须忘却的东西。"①从这里可以看出,尼采已经表达了海德格尔在《艺术作品的本源》中所阐述的"艺术家只不过是艺术作品产生的通道而已"的观点。其实,海德格尔在"作为艺术的强力意志"的讲座中也表达过类似的观点:"所谓作品的接受乃是一种对创作的重新实行,这个观点根本就是不真实的。实际上,甚至艺术家与被创作出来的作品的关联也不再是一种创作者的关联了。"②所以,《艺术作品的本源》虽然是以尼采的艺术观为潜在批判对象的,但我们也应清楚认识到,这一文本恰恰包含着海德格尔对尼采艺术观的暗暗吸收。"海德格尔的尼采批评可以导出那些在《艺术作品的本源》中得到初次展开的参数。只有以这个文本为基础,人们才有希望去判定,这些参数是否成功地替换了那些旧的参数,从而开端性地开启出一种对艺术的思考——经由这种思考并且在这种思考中,美学以及艺术形而上学都能够被扬弃。"③作为艺术状态的陶醉也具有宽泛的意义,它受不同机制的触发,可以在爱情中产生,可以在绘画中产生,可以在明媚的春光中产生,可以在纯粹的肉欲中产生,可以在施加暴行中产生,可以在受到迫害中产生。当然,尼采并没有就此而抹杀狭义艺术的重要意义,如果在尼采那里艺术就是创造的话,那么狭义的艺术是最原始、最纯粹的创造;如果艺术是使生活得以可能的谎言的话,那么狭义的艺术便是最精致、最美妙的谎言,它美化、热爱生活;如果艺术是提升自身的方式,那么,狭义的艺术就最强有力地激励、提高生命。

　　第四,艺术是虚无主义的反运动。在尼采那里,艺术就是创造,生命就是创造。所以,艺术是强力意志的最高形态,这样艺术

---

① 尼采. 论道德的谱系[M]. 赵千帆译. 商务印书馆,2016:112 - 113。

② 海德格尔. 尼采[M]. 孙周兴译. 商务印书馆,2012:139。

③ 约翰. 萨利斯(John Sallis).《克服美学》,载阿尔弗雷德·登克尔等编,《海德格尔与尼采》,孙周兴、赵千帆等译. 商务印书馆,2015 年,第 258 页。

就成为新的价值设定的原则,而以往的价值设定原则是由道德、哲学、宗教建立的,它们是人类的颓废形式,最终导致虚无主义的结果。"艺术,尤其是狭义上的艺术,乃是对感性的肯定,对假相的肯定,对那种不是'真实世界'的东西的肯定,或者如尼采所概括的那样,是对不是'真理'的东西的肯定。"①尼采认为,我们的宗教、道德、哲学都是人类的颓废形式,而相反的运动则是艺术。按照我们通常的观点,哲学、艺术、宗教、道德、科学等领域都是人类精神活动的不同方式,只具有不同的规范性,不同的原则与尺度,并无高低贵贱之分,但尼采并不如此认为。尼采的强力意志哲学彰显着两种不同的生命类型,即上升的生命与下降的生命、丰盈的生命与贫瘠的生命。这两种生命类型在尼采关于艺术生理学的语境中得到了进一步的深化,它表现为艺术与宗教、哲学、科学、道德的深刻对立,艺术家与科学家、哲学家、宗教徒、道德家的对立。在《悲剧的诞生》中,尼采还只是将这些领域视为谎言的不同形式,它们都是人生活于荒谬世界之中寻求意义的不同手段,它们具有本质的同一性。但在《强力意志》中,尼采更加强化了艺术与其他四个领域之间的差异与对立。"以艺术性反对真理性和道德性,这尤其是尼采晚期的一个重要努力,由此形成了具有尼采特性的'生命美学'。"②科学家自认为客观、中立地反映、描述世界,实际上早已将自己的价值设置其中,即使是逻辑也只是人类保存自身的工具,正是它使无序的世界变得有序。哲学家更不能忍受世界外观的丰富性,将其视为假象与混乱,抽象出一个理念世界来贬损现实世界,表现出对感性世界的蔑视,他们的世界里只有抽象的概念、原理、规则与规律。宗教徒严守禁欲主义,摧残欲望与本能,消灭生命意志的根基。而道德起源于怨恨,弱者出

---

① 海德格尔. 尼采[M]. 孙周兴译. 商务印书馆,2012:85。
② 孙周兴. 尼采与现代性美学精神[J]. 学术界,2018(6):10。

于对强者所彰显的旺盛生命力的恐惧与憎恨，发明出了一整套善人的道德体系，以道德的名目来诅咒强者，声称他们自己才是好人、虔诚的人与配享幸福的人。奴隶、弱者缓慢而有力地扭转了强者、主人的高贵价值，他们完成了一种价值的翻转，这种翻转是如此广泛，以至于它远远超越道德的领域，奴隶的怨恨和报复本能同样深深地渗透到形而上学、宗教、科学之中。尼采将这些人都称作非艺术家类型的人。而艺术家则专注于事物的形象、外观、现象、感性与具体性，将丰富、充溢与色彩置入感性事物之中。艺术创造便给生命带来了力量、充沛与喜悦。总之，强力意志本身即是创造，艺术本身亦是创造，以往的哲学、宗教、道德是对感性世界的否定，最终必然导致虚无主义，而强力意志是对感性世界的肯定，是对以往的价值设定原则的反动，所以，艺术是虚无主义的反运动。海德格尔由此认为，由于这种颠倒，尼采标记出了一个位置，在这个位置上尼采重新又回到了伟大艺术的开端。从而证明正是尼采使这个过程成为一个圆环，因此他是最具希腊特点的德国人，在他之前有荷尔德林，他们都对伟大的希腊艺术做出回应，在这个时代为伟大艺术重新奠基，为拥有一个新的德国做好准备。

　　第五，艺术比真理更有价值。海德格尔认为，第五个命题对其他命题具有绝对的优先地位。他的第一个讲座《作为艺术的强力意志》的第 19 节至第 25 节便是对这一问题的集中讨论。既然尼采哲学是对柏拉图主义的颠倒，艺术也不例外，那么，探讨一下在柏拉图那里艺术与真理的关系则具有决定性意义。海德格尔把尼采的下面这句话看作尼采探讨真理与艺术关系的思想主旨。"关于艺术与真理的关系，我老早就予以严肃对待了；即使到现在，我依然以一种神圣的惊恐面对着两者之间的这种分裂。"①尼

---

①　海德格尔.尼采[M].孙周兴译.商务印书馆，2012：169。

采所理解的真理是什么样的？在此处,海德格尔对尼采作出了第一次严厉的批判,"在尼采探讨艺术与真理之关系的上下文中,'真理'一词是在何种意义轨道上活动的呢？答案是:在背离本质的轨道上。这意思就是说:在这个激起惊恐的基本问题中,尼采却没有在一种对真实之物的本质的探讨意义上达到关于真理的真正问题。这个本质被预设为不言自明的。在尼采看来,真理并不是真实之物的本质,而是符合真理之本质的真实之物本身。尼采并没有提出真正的真理问题,关于真实之物之本质以及本质之真理的问题,以及关于真理之本质变化的必然可能性的问题,从而也从来没有把这个问题的领域展开出来。认识到这一事实,是具有决定性意义的,不仅对于判别尼采在关于艺术与真理的关系问题上的态度是十分重要的,而且首要地,对于我们从原则上估量和测度尼采哲学整体所占有的追问之原始性的程度来说,也是十分重要的。在尼采思想中,关于真理之本质的问题付诸阙如,这乃是一种独特的耽搁,它不能仅仅归咎于尼采,也不能首先归咎于尼采。实际上,这种'耽搁'自柏拉图和亚里士多德以降无所不在,贯穿了整个西方哲学史"①。在海德格尔看来,尼采所理解的真理就是真实存在者,即在认识中的被认识者,在表象中的被表象者。即使尼采在说真理是谬误的时候,他也是活动在西方认识论真理观的轨道上,即关于存在者的真理,而非海德格尔的存在论真理。一如艺术观一样,关于海德格尔是如何基于自己的真理观来评价尼采的真理观则是另一章所着重论述的内容,在此不宜赘述。

在柏拉图那里,真理奠基于看,用心灵的眼睛看,一种对非感性东西的觉知,将其表象出来,认识本质上是理论性的,基于对存在者的认识。在柏拉图主义中,真理比艺术更有价值。反柏拉图

---

① 海德格尔.尼采[M].孙周兴译.商务印书馆,2012:177。

主义与虚无主义的结果是:感性之物才是真实存在者,而艺术恰恰是从感性之物中进行创造的。这样,在尼采那里,"艺术与真理,创造与认识,在挽救和塑造感性之物这样一个主导性方面彼此相遇了"①。既然真理与艺术都是对感性之物的肯定,那么二者应该是和谐一致的关系,何来分裂? 在柏拉图那里,真理与艺术既然有如此大的距离,也不应该有分裂,而应该是距离。艺术是一种摹仿,是一种虚构意义上的创造,艺术在等级地位上不占据高位。柏拉图将艺术把握为摹仿是以他的真理概念为基础的,是具有必然性的。柏拉图认为,任何一个存在者都以三种方式显示自身,也就是以三种方式被生产出来,如一张床,以床的理念方式存在,以感性的床的方式存在,以床的影子的方式存在。这样,就有了三种生产者:神、工匠与画家。按理念论来说,三者是存在着等级秩序的,所以,画家的作品是远离理念的,所以,在柏拉图那里,艺术是远离真理的,艺术是远低于真理的,二者之间存在着一定的距离。然而,距离并不是分裂。所以,海德格尔认为,在柏拉图《国家篇》中,艺术与真理有一种距离,是一种从属关系,但不可能是分裂。于是,海德格尔转向了对《斐德罗篇》的考察:艺术与真理是否有一种分裂? 如果在柏拉图那里确实存在着分裂,那么在尼采那里这种分裂必然以颠倒的形式出现。分裂有两个条件:一个是共属一体性,二者具有相同的地位;一个是不和,联系中的对立。一体性是指艺术与真理是透视性闪现的方式。不和是指:一方面,生命体将自己固定在一个特定境域内,保持在真理的假象中。另一方面,生命体要保持为生命体,必须在自我创造中丰富自己,提高自己,在艺术中超出自身,与固定的真理作斗争,这样,便处于一种激起惊恐的分裂之中。所以,如果在柏拉图那里,艺术与真理之间具有一种分裂,那么艺术肯定被抬高到与真理相

---

① 海德格尔.尼采[M].孙周兴译.商务印书馆,2012:191。

同的地位。很显然,《国家篇》并没有将二者提升到同样的高度,充其量只是提到了诗与哲学之间的一种彼此不和。在《斐德罗篇》中,柏拉图在关于人与存在者的关系这一问题的范围内考察了美:艺术生产出美,而美是感性领域中最能闪耀者,进而将人从沉迷于存在者的存在之遗忘状态中推入对存在的观看中,使人进入一种对存在的出神状态,所以,美又重新获得与保持了对存在的观看,这种存在观看把遮蔽之物开启出来,成为无蔽之物,进入真理之中。在这个意义上,美和真理都与存在相关联,具有相同的地位与作用。于是,真理与美在这种共属一体性中产生了分歧与不和。这是因为,一方面,存在是非感性的东西,是存在之敞开状态,是真理。存在唯有通过存在观看才能开启自身,而这种存在观看必须通过假象之闪现表现出来,即通过美表现出来。另一方面,如前所述,真理与美处在最大的距离中,所以是两个东西,必然产生不和,也是一种广义的分裂,但却是一种"令人喜悦的分裂。美让人超越感性而返回真实。在这种彼此不和中占上风的是协调一致,因为美作为闪现者、感性之物,预先已经把它的本质隐藏在作为超感性之物的存在之真理中了"①。这样,在柏拉图主义被倒转过来的地方,它的所有特征都被倒转过来了,在柏拉图那里呈现出一种令人"喜悦"的分裂,而在尼采那里必然是一种令人"惊恐"的分裂。

通过以上论述,我们可以看到,海德格尔在这里表达了他对尼采艺术观的最大认同,同时也是对尼采艺术观的最大占有。这种认同首先表现在他对尼采使艺术脱离美学的认同。其次,与克服美学相联系的另一种认同,是作为一种形而上学活动的艺术概念。在柏拉图那里产生了两个世界的形而上学形态,这种形而上学将超感性世界加于感性世界之上,或者将真理加于外观之上。

① 海德格尔.尼采[M].孙周兴译.商务印书馆,2012:235。

这样,关于真理问题与艺术问题之间联系的分析也就包括在对传统真理概念的分析中。海德格尔引用尼采的话:"《悲剧的诞生》是以另一种信仰为背景去信仰艺术,这另一种信仰就是:凭真理生活是不可能的,'求真理的意志'已经是一种退化的征兆……"接着立刻补充道:"这话听来让人害怕。但是,一旦我们以得当的方式来解读它,这话就会失去其怪异性,而又不失其分量。求真理的意志,这在尼采那里始终意味着:求柏拉图和基督教意义上的'真实世界'的意志,求超感性领域的意志,求自在存在者的意志。求这种'真实之物'的意志实际上就是对我们这个此岸世界的否定,而艺术恰恰是以此岸世界为家园的。"①

海德格尔"作为艺术的强力意志"的讲座是为了澄清人们对尼采在艺术问题上所做的心理主义与审美主义的解释。但海德格尔仍然认为,尼采对艺术的沉思还活动在传统美学的轨道上,是一种趋于极端的美学,而他的《艺术作品的本源》则是对尼采艺术观的修正。当然,海德格尔没有明示的问题是,他在这一文本中也暗自吸收了尼采的艺术哲学思想。约翰·萨利斯(John Sallis)准确把握了海德格尔这一阐释的理论意图,"海德格尔阐释工作的重点是展示尼采美学的极端性,这样他就能展示出尼采如何通过从女性美学到男性美学的倒转而把美学进一步发展到它最后的极端可能性,这种可能性把美学本身倒转了,从而穷尽了诸种可能性,并把美学推进到它自身的不可能的点上。不过,正如海德格尔解释的那样,尼采美学甚至还要极端:通过倒转美学,他使美学承受了一次迁移,把美学拽出它自身之外,使它向一种可能根本不再是美学的艺术思考敞开"②。

---

① 海德格尔. 尼采[M]. 孙周兴译. 商务印书馆,2012:86。
② 约翰·萨利斯(John Sallis).《克服美学》,载阿尔弗雷德·登克尔等编,《海德格尔与尼采》,孙周兴、赵千帆等译. 商务印书馆,2015年,第254－255页。

第二节　此在与强力意志之共通性

　　海德格尔对尼采强力意志的存在论阐释表现为与尼采学说产生的一系列强烈共鸣,主要体现为对意志与强力意志诸特征的阐释。海德格尔认为,"意志"学说并不是尼采的独创,叔本华、谢林、黑格尔与莱布尼茨都行走在意志哲学的轨道上。意志概念包括在德国哲学伟大的传统路线之中。所以,尼采把存在者的基本特征规定为意志的这种做法并不令我们奇怪。海德格尔认为,尼采的强力意志是形而上学思想发展的必然归宿,即使没有尼采也会有强力意志学说。这些正是海德格尔一再强调的哲学家的思想并不属于他本人的原因。对存在之意志特征的历史性追溯并不是想证明尼采哲学对以往哲学的依赖性,而是证明其必然性。因为"一切伟大的思想家都思考同一个东西。……根据其基本特征把存在者把握为意志,这并不是个别思想家的观点,而是这些思想家要为之建基的那种此在(Dasein)的历史必然性"①。早在1930—1931年,在海德格尔讲授的《黑格尔的精神现象学》中,他就努力证明黑格尔以他自己的方式接近了基础存在论的真正核心,并将这种证明看作是与黑格尔的一种争辩(Auseinandersetzung),因为与把存在看作现成在场的概念相对立,黑格尔对意志概述的描述已经走进超越自身的广阔空间。在1936年《关于人的自由的本质》中,海德格尔也表达出这种思想,他强调在谢林的思想与他自己的基础存在论之间存在着许多的相近性;因此,当尼采说意志是存在者的基本特征时,海德格尔说尼采行走在这些伟大哲学家的行列中。

———————

　　① 海德格尔.尼采[M].孙周兴译.商务印书馆,2012:40。

海德格尔与尼采思想的这种共通性在他对"强力意志"的解释中表现得更为明显。在尼采那里,"意志"不是一种心灵能力,不是一种普遍欲求,不是以某种幸福和情欲为目标,而是以强力为目标。海德格尔认为,"尼采不仅改变了意志的目标,而且改变了意志本身的本质规定性"①。强力意志是一种感情,一种激情,一种情绪,一种命令。因此,不能将尼采所强调的意志的感情、激情与情绪特征看作可以任意交换的用来描写哲学上的非理性主义心灵活动,也不能将其做一种心理学的解释,它们是人类此在立足于存在者之敞开状态与遮蔽状态所依据的基本方式。由此看来,这种对强力意志概念的解释是以与海德格尔基础存在论最大的一致性展开的,他明显是以此在论的语言来表达强力意志的意义。"在《存在与时间》的语言中,强力意志是'决心','决心'并不使自己被包裹在下决心的自我中,而是处在全体存在者中。"②同时,海德格尔又将尼采的意志概念与叔本华的意志概念作以对比,并认为叔本华的生存意志并没有充分规定意志的本质,意志的决定性意义是意愿自身,意志是朝向自身的展开状态,是一种超出自身的意愿。我们可以将生存意志与强力意志的对比看作是此在分析论中所强调的常人的沉沦与此在的本真超越之间的对比。海德格尔以此在分析论的方式阐释了尼采的强力意志概念:"在这种超越自身的意愿的坚定性中,包含着'对……的驾驭'(Herrseinuber……),包含着对那个东西的控制,即对那个在意愿中被启发出来并且在意愿中、在展开状态的掌握中被扣留下来的东西的控制。"③

在进一步的解释中,海德格尔再一次通过尼采对强力意志概

----

① 海德格尔.尼采[M].孙周兴译.商务印书馆,2012:47.

② 奥托·珀格勒.马丁·海德格尔的思想之路[M].宋祖良译.台湾仰哲出版社,1994:119.

③ 海德格尔.尼采[M].孙周兴译.商务印书馆,2012:46.

念中感情、激情与情绪特征的描述而证明了《存在与时间》中此在论的现象学解释框架的正当性。他认为尼采对强力意志特征的这些描述绝不仅仅是心理学的,它们在此在的生存论建构中扮演着重要角色。这充分反映在尼采在《查拉图斯特拉如是说》《人性的,太人性的》《瞧,这个人》中对"成为你所是者"的理解中。尼采认为,生活无须目标,生活无须遵守固定的理性准则,生活应该是美学的,"只有作为一种审美现象,人生和世界才显得是有充足理由的"①。审美的生活是不需要基础、理念、凭借、规范、依据、目标、法则、形而上学作为根据的。生活是一种艺术,需要自我嬉戏、自我创造、自我涌现。在《存在与时间》中海德格尔联系此在的"本真状态"便抓住了这一问题,"要是有人愿意并能够把此在当作现成事物来记录它的存在内容,那么可以说,基于筹划的生存论性质组建起来的那种存在方式,此在不断地比它事实上所是的'更多'。但它从不比它实际上所是的更多,因为此在的实际性本质上包含有能在。然而此在作为可能之在也从不更少,这是说:此在在生存论上就是它在其能在中尚不是的东西。只因为此之在通过领会及其筹划性质获得它的建构,只因为此之在就是它所成为的或所不成为的东西,所以它才能够有所领会地对它自己说:'成为你所是的!'"②

尼采把意志看作一种"使我们盲目地激动的突发"的情绪,一切情绪的本质性因素都包括在决心的本质中,即作为超越状态包括在我们总在其中的一种状态。尼采将激情看作一种"目光尖锐地聚集着伸展到存在者之中"的状态,它的本质是一种独特的清晰与敏锐,也是决心的本质部分:它让我们"得以扎根于自身,并

---

① 尼采. 悲剧的诞生[M]. 孙周兴译. 商务印书馆,2012:46。
② 海德格尔. 存在与时间[M]. 陈嘉映、王庆节合译. 生活·读书·新知三联书店,2014:170。

且目光尖锐地掌握住在我们周围和在我们之中的存在者"①。海德格尔这样解释尼采的"感情"："一种感情乃是我们得以适应我们与存在者的关系、并且从而得以适应我们与自身的关系的方式。它是我们得以既与非我们所是的存在者相合，也与我们本身所是的存在者相合的方式。在感情中开启和保持着一种状态，我们一向就在这种状态中同时与事物、与我们自己以及我们的同类相对待。感情本身就是这种对它自身开放的状态，我们的此在就在其中动荡。人不是一个在思维之外也还有所意愿的生物，一个在思维和意愿之外还添加上感情的生物，……感情状态乃是某种原始的东西，……感情具有开启和保持开放的特征，而且因此按其本性来看也具有锁闭的特征。"②海德格尔认为，尼采把意志称为情绪、激情或感情，这看似很粗糙，实际上包含着更为丰富、原始的东西。很显然，这种更原始、更统一与更丰富的东西正是海德格尔《存在与时间》的基础存在论所阐释的生存、在世、烦、畏等概念。

在这里，海德格尔既抛弃了那种将尼采的意志概念肤浅地解释为唯心主义的观点，又抛弃了达尔文主义依据自我保存概念来解释尼采的观点，认为"自我肯定"概念才是尼采强力意志的中心，这种肯定是力的增加，是创造性的东西，也是毁灭性的东西。因为意志是存在者之存在，因此这种毁灭性意味着"存在之本质包含着不之性质，后者并非空虚的纯粹虚无，而是具有强大作用的否定"③。海德格尔认为，存在这个概念处在创造性巨大力量的核心，并且尼采所意指的形而上学思想的首创精神运行于德国唯心主义哲学中，"随着这种对存在者之存在的解释，尼采踏入西方

①　海德格尔.尼采[M].孙周兴译.商务印书馆，2012：53。
②　海德格尔.尼采[M].孙周兴译.商务印书馆，2012：57-58。
③　海德格尔.尼采[M].孙周兴译.商务印书馆，2012：69。

思想的最内在、最广阔的范围之中了"①。

第三节　此在与陶醉之共通性

　　海德格尔在《作为艺术的强力意志》讲座中不仅以基础存在论的视角强调了强力意志概念与此在概念的贯通性,而且也阐明了此在概念与尼采的"陶醉"以及"伟大风格"之间的共通性。

　　为了更好地理解海德格尔对尼采陶醉概念的阐释,我们有必要对此概念作以粗略描述。尼采在《悲剧的诞生》中初步提出了此概念,以刻画狄奥尼索斯精神,集中讨论这个概念则是在《强力意志》中。尼采时而将艺术称为艺术生理学,时而称为艺术心理学,即为身心统一体。在尼采那里,身体与心理、生理之物与心理之物、生理学与心理学向来是一个交织在一起的统一体,例如,通常被我们视为纯粹心灵活动的情感状态,尼采将其归结为与其相应的身体状态。在人类活生生的身心统一体中,尼采更强调其身体性的方面,或者说生命的肉身方面。美学涉及的就是感性领域,即我们所说的感性学,而尼采更强调涉及身体的感性领域才是真正的审美领域。尼采将美学作为艺术生理学或艺术心理学来考查,他所做的便是揭示作为身心统一体的人所存在的某种状态,这种状态被尼采称作陶醉、审美状态,或艺术家状态。由此尼采谈到了艺术家,"艺术家们不应该如其所是地看待事物,而是应该更充实、更简单、更强壮地看待事物:为此,他们身上就必须有一种永恒的青春和春天,一种习惯的陶醉"②。接着尼采又谈到了他艺术观的重要概念"陶醉","为了能够有艺术,为了能够有任何

---

①　海德格尔.尼采[M].孙周兴译.商务印书馆,2012:72。
②　尼采.权力意志[M].孙周兴译.商务印书馆,2011:1025。

一种审美活动和审美直观,一种生理前提必不可少:醉。醉必须首先提高整个肌体的兴奋度:在此之前任何艺术都不会出现"①。它的本质是力的提高感与丰富感,是一种肉身性的昂扬状态,受不同的身体刺激方式的限制、触发与提升。作为身体状态、作为艺术家状态、作为艺术之条件、作为真正的审美状态,陶醉不是一种普通的身体状态,它不同于醉汉之醉,不同于生命贫乏者的肉身性刺激。因此,对于陶醉来说,力的提高感与丰富感是最为根本的。"陶醉:提高了的权力感;内在的强制性,要使事物成为一种对本己充盈和完满性的反映。"②

在尼采那里为什么陶醉是艺术的必要前提?因为陶醉是艺术家得以产生审美行为与审美观照必要的生理与心理状态。"在这种状态下,人由于自己的充沛而使一切事物充实起来:人之所见,人之所愿,皆是膨胀的、结实的,强大的和力量过剩的。这种状态的人使物发生转变,直至后者反映出他的强力,——直至后者成为其完美性的体现。这种转变为完美性的要求就是——艺术。甚至他之外的一切事物,都变成了他的自娱自乐;在艺术中,人把自己作为完美性来欣赏。"③这里说的意思是,艺术家内在生命的丰盈使万物充实,他们将多彩与丰富置于万物之中,从而反映出艺术家自身生命的提高与丰富。"尼采艺术观的关键恰恰就在于:他要从艺术家角度来认识艺术及其全部本质,而且是有意识地、明确地反对那种从'欣赏者'和'体验者'的角度来表象艺术的艺术观。"④陶醉使艺术家具有非凡的观看与谛听,通过创造使存在者变得丰饶而纯粹。这种状态带来最大的灵活性与高度的传达能力,带来精神的压抑、感官的幻觉。它们都是艺术得以产

---

① 尼采.偶像的黄昏[M].李超杰译.商务印书馆,2009:75。
② 尼采.权力意志[M].孙周兴译.商务印书馆,2011:1093。
③ 尼采.偶像的黄昏[M].李超杰译.商务印书馆,2009:75 - 76。
④ 海德格尔.尼采[M].孙周兴译.商务印书馆,2012:79 - 80。

生的生理—心理条件而存在于真正的艺术家那里。正是在此意义上,尼采将美学从女性美学转向了男性美学。"迄今为止,只有那些容易被艺术打动的人在表述他们'什么是美'的经验,就此而言,我们的美学都还是女性美学。直到今天,全部哲学中都缺失艺术家……"①陶醉首先是艺术家的陶醉,这既是创作的先决条件,也是通过他的创作强化了的状态,而且他要借艺术作品在艺术的体验者那里激发起这样的陶醉。"对尼采来说,艺术哲学也就是美学;但美学在尼采看来却是男性美学,而非女性美学。"②在《强力意志》中,尼采揭示了陶醉得以产生的内在条件,它们从根本上来说是身体性的,是动物性机能与诱发,是快感状态所寓的那些区域与兴奋,是充满活力的机体与情欲。当然这只是少数人方可达到的。尼采把身体以及由它决定的本能状态的交织体视为生命的基础,一切被称为文明与文化的高级事物,一切使人成为人的东西都是由本能的转向、升华、内向化、精致化等一系列运动形式产生。陶醉作为生命的提升与丰富,充实了尼采关于艺术的最基本论断,即艺术是强力意志的一个形态,是生命的兴奋剂,是相对于宗教、道德、哲学的反运动。而陶醉,必须主要从身体性的方面去加以考虑。

　　以上述文本为背景,我们便可以更好地把握海德格尔对尼采"陶醉"的理解。如上所述,这种混杂着肉体与心理的状态,尼采称之为"陶醉"(Rausch)。它是一种情感(Gefühl),是一种与女性美学注重快乐不同的情感,一种当感官以某种特定方式被某种美的事物所触动的时候便应该总是在观看者身上引发出来的快乐。艺术家的陶醉是存在于某种"高度的权力感"中。海德格尔援引《偶像的黄昏》中与之相似的一句话:"陶醉的本质要素是力的提

①　尼采.强力意志[M].孙周兴译.商务印书馆,2011:1094。
②　海德格尔.尼采[M].孙周兴译.商务印书馆,2012:80。

高感和丰富感。"①艺术是强力意志的一个突出形态,海德格尔的目的是从尼采艺术观出发,来把握强力意志的本质。但首先面临的问题是:如何理解尼采艺术观点中两个看似矛盾却又统一的问题:一方面,艺术是虚无主义的反运动,是新的价值设定的原则与尺度。另一方面,艺术却要借助生理学,作为应用生理学的美学方可理解。海德格尔解决这一问题的关键就是对陶醉概念的本体论解释。海德格尔对此概念的解释意在强调他的基础存在论与尼采对此概念的阐释之间具有一种内在的共通性:二者都极力克服心理主义与审美主义。

　　海德格尔认为,尼采意义上的"陶醉"是一种身体状态和一种感情状态,但这种状态决不是被现代生物学或物理学所分割的、孤立的肉体与精神的片段,而是每个人都拥有的活跃的身体状态,每个人不是像拥有一个物体一样拥有一个身体。所以,与陶醉相关的感情状态决不是一种像在心理学与物理学中所呈现的身体运动的附带现象,而是感情状态从一开始就把身体持留于此在之中。陶醉是一种感情,而感情是身体性存在的方式,"我们并非'拥有'(haben)一个身体,而毋宁说,我们身体性地'存在'(sind)"②。感情是我们生存的一种基本方式。生理与心理是一体的,这种一体性构成了存在论的情调。"我们并非首先是'生活着',尔后还具有一个装备,即所谓的身体;而毋宁说,我们通过我们的肉身存在而生活着。"③海德格尔认为,尼采的观点尽管披着物理学与心理学的外衣,但它仍是本体论的。这种观点在《存在与时间》中对此在情调、情绪之超越与沉沦的意义中已经得到了表达。陶醉使人超脱自己,而"超脱自己"或者说"超越"恰恰是海

①　海德格尔. 尼采[M]. 孙周兴译. 商务印书馆,2012:115。
②　海德格尔. 尼采[M]. 孙周兴译. 商务印书馆,2012:116。
③　海德格尔. 尼采[M]. 孙周兴译. 商务印书馆,2012:117。

德格尔在尼采的陶醉中所要强调的东西。而尼采在分析陶醉概念时强调的"力的提高感"也必须从超出自身的能力方面来理解，必须从与存在者的关系方面来理解，在这种关系中，存在者本身更具存在特性地、更本质性地被经验。海德格尔的这种解释意在将尼采从生物主义的泥潭中解放出来。

不仅如此，海德格尔认为，尼采的陶醉概念不仅与现代生物主义毫无关系，而且与前苏格拉底哲学对"自然（Physis）"概念的理解紧密相关。尼采就此曾批判过古典主义者错认了古典性，将其等同为自然性，他们那里的"自然"是空洞虚假的平静与安宁，是一种无冲突与贫困状态。在尼采的意义上，"自然"这个词意味着希腊人称之为强大、神秘与可怕之物，它包含着矛盾、冲突与杂多。孙周兴先生在概括尼采艺术观时便"以冲突论反对和谐论"来阐述尼采艺术观的一个特征，并认为"这是尼采受瓦格纳影响而形成的现代美学观。后来的海德格尔在《艺术作品的本源》中同样展开了类似的'冲突论'，即世界与大地的真理二重性以及艺术创作的'争执'之论"①。实际上，尼采既没有站在古典主义一方也没有站在浪漫主义一方，他有评价艺术更根本性的尺度，即它是源于生命力的旺盛还是贫乏？是赠送与丰富还是渴望与寻求？是源于一种不满还是对幸福的感激？尼采因此也反对亚里士多德关于悲剧情感来源于恐惧与怜悯的观点。因为伟大风格正视可怕的东西、可疑的东西与可恶的东西，它们能够推动强大生命的自我提升，激发生命更强大的力量，而希腊悲剧艺术是具有伟大风格艺术的典范。在海德格尔看来，尼采对陶醉的分析与现代美学毫无关系，尼采虽然将陶醉刻画为基本的审美状态，但这种状态并没有被囚禁在主观生命体验的内在循环中，它是完全开放的，是一种对在存在者的显现中值得崇敬的东西的开放状态。

---

① 孙周兴. 尼采与现代性美学精神[J]. 学术界，2018(6)：14。

"作为感情状态的陶醉恰恰冲破了主体的主体性。由于拥有一种对美的感情，主体就超越了自身，也就是说，它不再是主观的，不再是一个主体了。"同时，客体的客观性也被冲破了："美不是一种单纯表象活动的现成对象。作为一种调音作用，美贯通并且调协着人之状态。"①通过海德格尔的基础存在论，尼采的艺术观又一次与他对现代主客体关系的努力克服获得了一致。但海德格尔认为，尼采对艺术的追问仍然是美学，因为美的产生与享受起于人的感情状态，只不过尼采的美学不是起于作为纯粹心灵上的感情状态，而是起于作为身体的感情状态。审美状态下基本的行为方式——审美行为与审美观照，即艺术家的创作与艺术作品接受者的接受，都应该从身体的感情状态来理解。"尼采对艺术的沉思之所以是'美学'，是因为它审视了创作和享受的状态。"②在尼采看来，艺术作品的作用只是在享受者那里重新唤起创作者的状态，创作就是对作品中美的陶醉的生产。而海德格尔认为，创作的本质依赖于作品的本质，作品的本质是创作的本质的源泉，尼采并没有追问作品的本质。这便预示了海德格尔在《艺术作品的本源》中所阐明的艺术观与尼采艺术观的基本争辩。

海德格尔对陶醉概念的解释展示了比上述观点更为丰富的内容，这主要体现在他对尼采"形式"与"伟大的风格"的阐释上。尼采认为艺术家和形式之间的争斗意义重大。"人们成为艺术家的代价，就是把一切非艺术家所谓的'形式'感受为'内容'，亦即'事物本身'。"③而艺术家与形式相争斗的必要性，来自于形式与陶醉的审美状态之间的紧密联系。在把"陶醉"刻画为"高度的权力感"的那一节中，尼采对这种联系及其交互性的特点给出了重

① 海德格尔.尼采[M].孙周兴译.商务印书馆,2012:146。
② 海德格尔.尼采[M].孙周兴译.商务印书馆,2012:153。
③ 尼采.权力意志[M].孙周兴译.商务印书馆,2011:673。

要暗示,"一种逻辑的和几何学的简化是力的提高带来的后果:而对于这种简化的察觉又反过来提升了力量感"①。海德格尔则这样解释这种联系:"形式首先规定和限制了那个领域,在此领域中,存在者的提高力量和丰富性的状态才得以实现。形式奠定了那个领域的基础,在此领域中陶醉之为陶醉才成为可能的。在形式作为最丰富的法则的最高质朴性起着支配作用的地方,就有陶醉。"②陶醉产生了形式,而形式则是陶醉在其中得以可能的那个领域。

　　海德格尔认为,尼采把陶醉看作一种形式创造力量,他的形式概念已经脱离了现代美学,当尼采运用"形式"这个词时他重新发现的东西完全是希腊式的,并且真正追溯到了希腊形式概念的原初与本真意义,那就是"它是具有包围作用的界限和边界,它把某个存在者带入和置入它所是的东西之中,使得这个存在者站立于自身,此即形态(Gestalt)。如此这般站立者乃是存在者自行显示而成的那个东西,即它的外观,idos[爱多斯],通过这个外观并且在这个外观中,存在者走出来,表现出来,敞开自身,自行闪烁,并进入纯粹的闪现中"③。从这里可以看出,海德格尔完全同意尼采关于形式概念的用法,认为他的使用符合希腊人原始的形式概念。形式显示为界限与外观。外观不是一种消极的呈现,界限也不是某种物质外延的无力边界,而是规定、约束着某个存在者。形式具有更加本原的意义,它是使事物成为其自身而不是他物的规定性力量。当然,形式不仅是外观,形式也意味着法则、尺度与规定性。所以,尼采批判瓦格纳的东西不是一种真正的形式。因为形式不单单是一种虚假而做作的外在结构,形式把它蕴含的尺

---

① 尼采.权力意志[M].孙周兴译.商务印书馆,2011:1024。
② 海德格尔.尼采[M].孙周兴译.商务印书馆,2012:141。
③ 海德格尔.尼采[M].孙周兴译.商务印书馆,2012:140。

度、规则与规定性都置入有待彰显之物中。所以,艺术家应该专注于形式中的本质规定性。尼采通过形式概念使他作为审美状态的陶醉获得了更高的规定与更清晰的界定。因此,尼采的形式不是审美的,完全是存在论的。

尼采认为最熟悉的形式法则是算数的、逻辑的、几何学的形式法则。上述法则中的有序、明晰带来一种基本的生物性的快感。作为一个种类的人依据这些法则来规整围绕他们的混乱世界,它们关联着熟悉性、重复性与安全感,从而触发了一种本能性的快感,尼采称之为"逻辑情感"。某些本能的激发、放纵对生命的保存和提升固然有着重大的意义,而借助这些形式法则所达到的世界的有序性、熟悉性对生命的保持和提升同样具有重大意义,因而,作为审美状态的陶醉并不仅仅关联着比如性和攻击本能以及与之相伴的感情,它同样关联着这种逻辑感情,并以之作为它的基础。海德格尔认为,在尼采那里存在着快感的等级结构:"最低层是生命实现和生命维持过程的生物学的快感;在此之上同时又为此服务的,是逻辑、数学的快感;而逻辑、数学的快感又是审美快感的基础。"①陶醉因形式法则的引入而不同于纯粹的感官兴奋。这样,陶醉既表现了力的丰富性与提升感,又表现出了某种集中性。通过对形式概念的引入,尼采强调法则、规则、尺度、分寸等要素对于艺术家与艺术的重要意义。但海德格尔又一次将尼采的问题引向了他《艺术作品的本源》的轨道上,他说,"对于与艺术相关的形式之本源和本质,尼采并没有做专门的沉思;因为倘若要做这样一种沉思的话,他就必须以艺术作品为出发点了"②。

海德格尔对作为形式创造力量的陶醉的本体论解释进一步

---

① 海德格尔.尼采[M].孙周兴译.商务印书馆,2012:143。
② 海德格尔.尼采[M].孙周兴译.商务印书馆,2012:142。

强化了尼采将艺术看作强力意志最高形态的观点。这在海德格尔对尼采"伟大风格"概念的分析中更充分地表现出来。在这里充分表现出了海德格尔与尼采的另一种强烈共鸣。海德格尔认为，在"伟大风格"中至关重要的东西并不仅仅是其它可能性中的一种可能性，而是一个"等级概念"。因为在尼采那里，审美价值评价是以"逻辑感情"为基础的，于是便有了快感的等级结构，因此"艺术"一词是一个等级概念，艺术本身成为一种立法，艺术本身成为一种等级、区分和决断。因此，如果根据伟大风格来理解艺术，那么艺术就"把整个此在置于决断之中，并且把它保持于其中"①。作为一种与尼采达到强烈共鸣的结果，对伟大风格这一概念的理解证明了一种自我克服的美学："所以，这种美学就在它自身范围内超越了自己。艺术状态是这样一些状态，它们本身服从尺度和法则的最高命令，把自身纳入超出它们自身的意志之中；当这种状态意愿超越自身，超出它们所是的东西，并且在这种主宰中维护自己时，它们才是它们本质上所是的东西。艺术状态，亦即艺术，无非就是强力意志。"②

更进一步，海德格尔强调了一种艺术形而上学重要性的主张："恰恰由于伟大的风格是一种馈赠性的和肯定性的对存在的意愿，所以，只有当何谓存在者之存在这个问题得到决断时，而且是通过伟大的风格本身而得到决断时，伟大的风格的本质才能得到揭示。"③而存在者之存在的意义问题作为哲学的基础问题，是海德格尔最重要的问题，这样，他与尼采关于艺术的争论实际上可以看作是海德格尔与自己的隐秘争论。但这种争论并不表现为，海德格尔简单地将自己的哲学争论置入尼采的文本中，而表

---

① 海德格尔. 尼采[M]. 孙周兴译. 商务印书馆，2012：148。
② 海德格尔. 尼采[M]. 孙周兴译. 商务印书馆，2012：153 - 154。
③ 海德格尔. 尼采[M]. 孙周兴译. 商务印书馆，2012：159。

现为在他自己的思想之路中尼采为他提供了一种独立的灵感。"作为艺术的强力意志"讲座在海德格尔基础存在论中的目的是对存在之意义上的一种追问。关于这种艺术存在论,海德格尔在与尼采的一种深刻共鸣中找到了自己。他认为,他的解释只是表达了他在尼采那里未道说出来的东西。"对尼采而言,存在的发生是强力意志的创造活动,在海德格尔看来,存在的发生乃是真理即无蔽的敞开。存在的发生有多种方式,艺术是其根本的方式。尼采把艺术看作强力意志的最高表达,高于哲学的、宗教的、道德的等方式。尽管海德格尔视艺术为真理发生的几种方式之一,此外还有建国活动、牺牲、思想的追问等,皆与艺术并列,但随着存在之思逐渐走向语言,艺术(与思想对话的诗)的基础性地位开始变得明朗起来。尼采和海德格尔各自鉴于存在的历史性和世界性两个维度展开了'艺术是存在的根本发生'这一论题。"①这样,海德格尔在尼采那里找寻到了艺术为世界建基的突破口,把艺术本身奉为真理的栖居之地,神明显现之所,民族文化史的建立与维护本身。

总之,海德格尔《作为艺术的强力意志》的讲座表现出了对尼采学说的强烈认同,这种认同通过强调尼采的强力意志、艺术观、陶醉、形式与伟大的风格与海德格尔的基础存在论的贯通性而展现出来。但这只是海德格尔阐释尼采艺术形而上学的一个面相。当然这一面相是海德格尔漫长尼采讲座中唯一对尼采持更多认同的思想姿态。而海德格尔阐释尼采艺术观的另一面相即艺术之本源是艺术家还是艺术作品,则呈现了二者艺术观的差异性。在《艺术作品的本源》中,艺术是真理之生成与发生,艺术之本质是作诗(dichten),是真理之创建(Stiften),是捐赠、建基与开端,

———————

① 李必桂. 原艺——尼采与海德格尔艺术哲学比较研究[M]. 中国社会科学出版社,2009:229。

即艺术的充溢建立一个世界,开启一种新的历史性此在之生存方式,从而形成新的文化世界之开端。因此艺术之本质具有历史性,这一历史性发端于希腊早期艺术与思想中,它是存在历史的"第一开端"。海德格尔肯定艺术是真理的发生之所,艺术的本质是作诗,进而使艺术走向神秘化,即不以揭示神秘为目的,而以创造神秘来守护事物之本真面目,从而达到艺术的"复魅"使命,以抵抗、节制现代科学技术对人类生存的裁制。当然,这在一定程度上也是继承了尼采复兴希腊神话的初衷,海德格尔通过诗与思来达到对"存在之道说"的响应,而这个"道说"(Sage)即是神话,即对日常生活规范的突破,以此达到复魅的目的。这样,从一个更大的维度来看,海德格尔与尼采的艺术理想是一脉相承的。

第四章　作为尼采形而上学基本思想的永恒轮回学说

第一节　海德格尔对尼采轮回思想的辩护

　　诚如本书第二章所论及的,尼采基于虚无主义这一哲学主题而提出了相同者的永恒轮回学说[①]。尼采将虚无主义定义为最高价值的自行贬黜,哲学上设定的超感性领域是人类无法达到的理想,它使人类陷入普遍的无意义状态,是人类生命衰败的标志。为此尼采提出了张扬生命之提高的强力意志哲学,这种哲学只欲求生命自身之提高、增强与保存,并不追求自身之外的任何目标,它不断地返回到自身并且以自己的方式不断地轮回复返,以此来摧毁存在者之外的一切超验目标。所以,永恒轮回学说是对虚无主义的克服与反动。但它不是对某个个别哲学思潮的反动,而是

---

　　① 　关于相同者的永恒轮回思想的形成、证明、实存论意义以及与权力意志的关系,孙周兴先生在《未来哲学序曲——尼采与后形而上学》(上海人民出版社,2016 年)一书中做了充分论证,请参见第 212 - 228 页。

对西方哲学整体的反动,这个哲学整体就是柏拉图主义,它为在其中存在的人设定了条件与尺度,这种构成生命本身的条件与尺度被尼采称之为价值,尼采颠倒最高价值的结果就是对一切价值的重估。轮回学说在尼采哲学中具有重要地位①,他称之为"最沉重的思想""最深邃的思想""思想中的思想""观察的顶峰"等,并将其视为"人所能够达到的最高肯定公式"②。

根据尼采本人的说法,相同者的永恒轮回③(die ewige Wiederkunft des Gleichen)思想是于1881年突然形成的。"哦,我怎能不为永恒、不为婚礼般的环中之环而热血沸腾,——那轮回之环!"④但海德格尔认为,早在1863年青年时期的尼采就在他的自传中认真思考了这个思想。"而这个人就这样长大了,不再需要曾经缠绕着他的一切了。他无需冲破这些桎梏,而是突然地,好比有一个神下了命令,这些桎梏都脱落了。那么,那个最终依然环绕着他的圆环在哪里呢?它是世界吗?是神吗?……"⑤海德格尔想说明的是,尼采的这个学说并不是突发奇想的一个偶然之见,而是经历了漫长、艰苦而隐秘的思想劳作的结果。因为当时的很多尼采研究者或纳粹理论家正是以此作为证据之一而拒绝承认它是尼采哲学的基本思想。所以,海德格尔以铮铮之言来捍卫尼采的这一思想,"相同者的永恒轮回学说乃是尼采哲学的基本学说。若没有这个学说作为基础,尼采哲学就会像一棵无

---

① 国内唯一关于尼采永恒轮回学说的研究著作是陈君华的《深渊与巅峰——尼采的永恒轮回学说》,上海人民出版社,2004年。

② 尼采.看哪这人[M].张念东、凌素心译.中央编译出版社,2000:73。

③ 这里的"相同者"(das Gleiche)不是"同一者"(das Identische),前者是有差异的相同,后者是绝对的同一。而"永恒轮回"(ewige Wiederkunft)只是约定俗成译法,应理解为"永恒复返"之义。

④ 尼采.查拉图斯特拉如是说[M].孙周兴译.上海人民出版社,2011:300。

⑤ 海德格尔.尼采[M].孙周兴译.商务印书馆,2012:269。

根的树"①。把相同者的永恒轮回看作尼采哲学的基本学说,这是
海德格尔与尼采的众多研究者最为显著的不同之处。"他非常准
确地指出了永恒轮回学说在尼采思想中的核心地位。当时这个
学说或者被忽视了,或者作为一种肤浅的概念而被打发掉。"②海
德格尔认为,人们对这个学说的理解向来都是模糊的、令人尴尬
的:或者将其删除,干脆不去提它;或者将其看作不言自明、毋须
论证的东西;或者将其看作尼采哲学一个普通的组成部分,充其
量只不过是个人的信仰自白而已。而从本质上来说,相同者的永
恒轮回思想是对存在者整体的筹划。"万物去了又来;存在之轮
永远转动。万物枯了又荣,存在之年永远行进。/万物分了又合;
同一座存在之屋永远在建造中。万物离了又聚;存在之环永远忠
实于自己。/存在始于每一刹那;每个'那里'之球都绕着每个'这
里'旋转。中心无所不在。永恒之路是弯曲的。"③应该说,这既是
尼采对存在者总体特征的形而上学描述,也是对世界图景的非形
而上学性描述。"尼采关于相同者永恒轮回的学说并不是其他学
说中间的某一种关于存在者的学说。它源起于一种争辩
(Auseinandersetzung),一种对柏拉图-基督教思想方式及其影响
和现代滥觞的最严厉的争辩。尼采也把这种思想方式设定为一
般西方思想及其历史的基本特征。"④值得一提的是,洛维特在《尼
采的永恒轮回哲学》(1934 年)中也认为,尼采是一位名副其实的
哲学家,他哲学的中心关切即是永恒轮回学说。在这一点上洛维
特是海德格尔的同道人。但二者仍有分歧。洛维特认为,尼采哲
学的实质是克服基督教的彼岸世界以及由此带来的虚无主义,而

①　海德格尔.尼采[M].孙周兴译.商务印书馆,2012:264。
②　Gregory Bruce Smith. *Nietzsche-Heidegger and the Transition to Post Modernity*. The University of Chicago Press, Chicago and London, 1996, p. 230.
③　尼采.查拉图斯特拉如是说[M].孙周兴译.上海人民出版社,2011:280。
④　海德格尔.尼采[M].孙周兴译.商务印书馆,2012:266。

不是海德格尔所说的存在者的存在,尼采用强力意志与永恒轮回这两种基本思想来肯定现实世界的意义与价值。只不过尼采在克服基督教的同时又倒向了基督教。因为尼采用强力意志肯定了存在,肯定了永恒轮回,而基督教强调的恰恰就是意志与创造。但洛维特的这种观点明显有失公允,因为尼采正是在把基督教看作"民众的柏拉图主义"的意义上才批判基督教的,而不是就基督教去批判基督教。所以,海德格尔"比洛维特更准确地切中了尼采哲学的要害:尼采与柏拉图主义的关系"①。

　　海德格尔描述了轮回思想的形成过程。尼采第一次公开传达这一思想是在初版的《快乐的科学》的最后两节,并贯以"最大的重负"与"悲剧的起源"两个标题,并且强调尼采隐秘地传达了"最大的重负"、"悲剧的起源"与"快乐的科学"三者具有本质的关联性。尼采在《快乐的科学》"最重的分量"标题下第一次传达了永恒轮回思想。"假如恶魔在某一天或某个夜晚闯入你最难耐的孤寂中,并对你说:'你现在和过去的生活,就是你今后的生活。它将周而复始,不断重复,绝无新意,你生活中的每种痛苦、欢乐、思想、叹息,以及一切大大小小、无可言说的事情皆会在你身上重现,会以同样的顺序降临,同样会出现此刻树丛中的蜘蛛和月光,同样会出现现在这样的时刻和我这样的恶魔。存在的永恒沙漏将不停地转动,你在沙漏中,只不过是一粒尘土罢了!'你听了这恶魔的话,是否会瘫倒在地呢?你是否会咬牙切齿,诅咒这个口出狂言的恶魔呢?你在以前或许经历过这样的时刻,那时你回答恶魔说:'你是神明,我从未听见过比这更神圣的话呢!'徜若这想法压倒了你,恶魔就会改变你,说不定会把你辗得粉碎。'你是否还要这样回答,并且,一直这样回答呢?'这是人人必须回答的问题,也是你行为的着重点!或者,你无论对自己还是对人生,均宁

---

　　① 吴增定.尼采与柏拉图主义[M].上海人民出版社,2006:11.

愿安于现状、放弃一切追求?"①尼采在此并没有直接提出"相同者的永恒轮回"的说法,而是以"存在的永恒沙漏"与个体生活的不断重复来传达"相同者的永恒轮回"的大义。尼采将"最大的重负"与"悲剧的起源"放置一处的目的即是暗示了面对个体命运的偶然、荒谬与不公,人类只有在悲剧艺术中才能提供生命的慰藉,"所有真正的悲剧都以一种形而上学的慰藉来释放我们,即是说:尽管现象千变万化,但在事物的根本处,生命却是牢不可破、强大而快乐的"②。

　　永恒轮回思想的第二次传达是在《查拉图斯特拉如是说》中,这部著作本身构成了尼采对轮回学说的第二次传达,这次传达通过把悲剧精神置入存在者本身之中而使悲剧开始了。海德格尔坚决批判将《查拉图斯特拉如是说》看作尼采创作生涯顶峰的流行观点,认为它并不是尼采达到的思想高峰,在此作品之后,"在1884年至1889年之间,尼采思想还迈出了几个本质性的步骤,这几个步骤把尼采带向了思想的全新转换"③。恰恰是在《查拉图斯特拉如是说》后两年的《善恶的彼岸》中尼采对轮回学说进行了第三次传达。很显然,在海德格尔看来,这三次传达以及具体的传达语境与方式并不是随意的,而是出于尼采有意的安排。例如,海德格尔对尼采《快乐的科学》所做的理解。尼采之所以第一次在《快乐的科学》结尾处把这个恐怖的思想传达出来是因为"他在这个结尾处提到的东西并不是'快乐的科学'的终结,而倒是它的开端,它的开端同时也是终结——这就是相同者的永恒轮回,'快乐的科学'首先和最终必须知道这个东西,才能成为真正的知识。对尼采来说,'快乐的科学'无非是一个表示'哲学'的名称,这种

---

① 尼采.快乐的科学[M].黄明嘉译.华东师范大学出版社,2007:317。
② 尼采.悲剧的诞生[M].孙周兴译.商务印书馆,2012:58。
③ 海德格尔.尼采[M].孙周兴译.商务印书馆,2012:300。

'哲学'的基本学说讲的就是相同者的永恒轮回"①。

　　海德格尔将永恒轮回看作尼采哲学的基本思想,尼采也自视其为最深邃、最沉重的思想,然而尼采只作了三次传达,针对二者的这种不对称性,海德格尔解释为是尼采的恰当隐瞒,因为伟大思想家内心思想的涌动总是隐而不显的。尼采并没有急于阐发他的轮回思想,因为在他看来,人们一旦把这种知识传达出来,就不再热爱它了。在这里我们隐约领会到,海德格尔意指自己在竭尽全力将尼采从各种错误解释中拯救出来的努力。"以尼采本人关于其轮回学说所作的少数几处含蓄的传达,他显然也不想取得一种完全的把握,而是要为一种基本情调的转变铺平道路。只有基于这种基本情调,他的学说才能够成为一种可理解的和有效的学说。对于同时代的人们,尼采只希望把他们改造为那些必将到来者的前辈和祖先。"②这句话既是海德格尔在评说尼采也是在评说自己。海德格尔似乎自视为像尼采一样的先知式的人物,如引文中"基本情调"(Grundstimmung)、"将来者"(die Zukünftigen)等词汇在海德格尔 1936—1938 年所著的《哲学论稿》中频繁出现,巧合的是这部著作与海德格尔极为看重的《强力意志》都是在作者去世后出版的。

　　在尼采看来,存在者之存在是强力意志,它是一种持续的生成,本质上是一种求强力的意志,没有在它之外的其他目的,但也不是无目的的流动与消逝的生成,而是一种充满等级的永恒轮回。这种思想完全不能通过任何事实来加以证明,因为任何关于事实的证明都是关于存在者的思考,而它是关于存在者总体的思考。它是一种混沌,没有意志与价值,一切事物,包括一切坏的东西、恶的东西、痛苦的东西与毁灭的东西,都将在自身中不断地轮

---

① 　海德格尔. 尼采[M]. 孙周兴译. 商务印书馆,2012:281 - 282。
② 　海德格尔. 尼采[M]. 孙周兴译. 商务印书馆,2012:278。

回。海德格尔首先概括了尼采对永恒轮回的证明①：世界的总体
特征是混沌；世界的普遍特征是"力"（Kraft）；力是有限制的；世界
是有限的；存在者整体的一种有限性意味着一种不断的生成。这
是一种变化、消逝意义上的生成，而非形成、发展与进步意义上的
生成；从世界的有限性必然得出世界的可纵观性；空间是有限制
的，只是一种主观的形式；时间是现实的，并且是无限的；世界混
沌本身就是必然性。人们根据尼采对永恒轮回的证明，由此得出
结论：他的永恒轮回学说只是一个自然科学的证明而已，没有必
要去认真对待。海德格尔认为，尽管尼采在证明轮回思想过程中
使用了诸如力、时间、空间等自然科学诸概念，但这种证明绝对不
是自然科学的证明，相反，自然科学必然以这些证明为前提。同
时，也有人认为，尼采的这个学说绝不是一种自然科学理论，但却
是一种信仰，是尼采本人的一种宗教信仰自白，是尼采关于现世
的宗教表达。当尼采宣布上帝已死时，他甚至是一个无神论者。
海德格尔说，"这个流行的意见败坏着对真正的尼采哲学的所有
理解"②。尼采的这个学说不是无神论，不是泛神论，不是个人信
仰自白，不是宗教，而是哲学。在这方面，洛维特准确把握到了
海德格尔对此的解释，"对海德格尔来说，尼采是依然对我们不
断前进的'迄今为止的'思想有着直接影响的最具启发性的形
式，并且《查拉图斯特拉如是说》也是思考着尼采'唯一的'思想，
即相同者的永恒轮回思想的作品。尼采所想说的唯一的东西，
是既不能证实也不能证伪的，但它也不是什么属于信仰的东西。
它只能通过追问—思考的方式被带到我们眼前并且它对于那种
本质性的思想来说，是和那种本质性的思考同一的：'被看见的
东西，却是一个值得—追问的—谜团'（《演讲与论文集》第19

---

① 海德格尔. 尼采[M]. 孙周兴译. 商务印书馆，2012：359 - 371。
② 海德格尔. 尼采[M]. 孙周兴译. 商务印书馆，2012：402。

页）。因此，这一问题就是决定性的：尼采的学说对海德格尔来说，是否是和尼采自己看待它的方式是一样的，也就是说，将它看作所有具有生命的存在的原初设定。《谁是尼采的查拉图斯特拉？》这篇演讲中的最后的评论从一开始就猜测，循环动力机器中的现代技术的本质，会不会就是一种'相同者的永恒轮回的形式'？并且，如果海德格尔主张超人学说、永恒轮回学说和权力意志学说之间的统一性，而没有同时也考虑到它们之间的矛盾的话——尼采所意愿的世界之存在和人的此在之间的符合，正是以这种矛盾为基础的——那么他又是如何理解对虚无的意志返回到对永恒轮回的意愿，以及由此产生的对所有价值的重估的？"①

　　海德格尔评述了尼采对信仰本质的刻画，认为在尼采那里的信仰是一种持以为真。信仰指的是只有被表象的东西才是真实的东西，并且要始终执着于这种被表象的真实。"对尼采来说，信仰的意思是：把照面事物不断变化的涌迫固定在某些关于持存之物和有序之物的主导观念中，并且在这种固定关联中、根据与被固定之物的关联来确定自己。依照这个被尼采设为普遍基础的信仰概念（信仰乃是把自身确定在被固定之物中），他所谓'我不再信仰什么了'这句话就道出了与怀疑以及无力决断和行动相反的意思。它的意思是说：我不愿使'生命'停滞于一种可能性和一种形态，而倒是愿使生命具有它最内在的生成权利；我将为'生命'预先设计和预先构成各种新的和更高的可能性，从而在创造中使之超越自身，由此来赋予它最内在的生成权利。"②正是基于此种理由，尼采用作为艺术的强力意志来代替作为表象的真理对生命的固定，前者是生命的最高价值，而后者只是生命的必要价

①　卡尔·洛维特.尼采[M].刘心舟译.中国华侨出版社,2019:364-365。
②　海德格尔.尼采[M].孙周兴译.商务印书馆,2012:407。

值,所以尼采才说"艺术比真理更有价值"。海德格尔最终将尼采的这一理论从种种流行见解中挣脱出来,并对其在尼采哲学中的位置作出了基本的判定,"尼采形而上学的基本立场是以他的相同者的永恒轮回学说为标志的"①。

第二节　海德格尔与尼采的"瞬间"之争

在将尼采的"相同者的永恒轮回"从流行观念中拯救出来后,海德格尔着手阐明这一理论在尼采哲学中的基本意涵。这一理论固然具有伦理与宇宙论色彩,但尼采更主要的则是从生存论意义上提出的。"尼采永恒轮回说的真正动机是实存论的,与其说它有宇宙论的性质,倒不如说它具有'实存论形而上学'的性质。其中的核心在于对个体此在(Dasein)之时间性意义的揭示。即便在上引具有宇宙论色彩的关于永恒轮回学说的证明中,我们也看到,尼采最终把问题引向了'瞬间'。"②海德格尔正是从"瞬间"意义来理解尼采的永恒轮回学说的,"只有当相同者的永恒轮回在虚无主义和瞬间意义上得到思考之际,它才真正得到了思考。而在这样一种思考中,思考者本身就进入永恒轮回的圆环之中了,但却是以这样的方式,即:思考者也参与了对这个圆环的争取和决断"③。这是海德格尔对尼采永恒轮回学说的根本态度与核心观点。它大致包括以下四方面的内容:尼采基于虚无主义的历史及其克服,提出了永恒轮回学说;对这个学说最根本的把握在于对"瞬间"的理解;思考者只有身处其中而不是作为旁观者时才能

---

① 海德格尔.尼采[M].孙周兴译.商务印书馆,2012:263。
② 孙周兴.永恒在瞬间中存在——论尼采永恒轮回学说的实存论意义[J].同济大学学报.2014(5):6。
③ 海德格尔.尼采[M].孙周兴译.商务印书馆,2012:468。

真正理解瞬间；身处圆环之中还远远不够，最重要的是个人在行动中对当下时机性的选择、争取与决断。前三方面的内容是海德格尔对尼采轮回学说的总体把握，最后一方面内容则是海德格尔根据自己的此在时间观对尼采"瞬间"意义的超越。

如前所述，尼采永恒轮回学说的提出是基于对虚无主义的克服，因为虚无主义是不能从外部加以克服的，仅仅用另一个理想，诸如理性、进步、民主之类的东西来取代上帝是不能克服虚无主义的，而永恒轮回则清除了那个超感性的位置。在《查拉图斯特拉如是说》中尼采把虚无主义比喻为一条黑蛇，只有将黑蛇的蛇头（超感性领域）咬掉，才能克服虚无主义，而这一咬就意味着对出入口本身即瞬间的认识。尼采通过对瞬间的认识，使以往的虚无主义得到了辨析，同时也得到了克服。

在《查拉图斯特拉如是说》的"幻觉与谜团"中，尼采借查拉图斯特拉与侏儒的对话思考了"瞬间"（Augenblick）问题。"看看这瞬间吧！从瞬间这个出入口出发，有一条长长的永恒小道向后延伸：在我们背后隐藏着一种永恒。/万物中可能跑动者，难道不是已经跑过了这条路吗？万物中可能发生者，难道不是已经发生过了、做过了、跑过去了吗？/而且，如果一切已经在此存在过了：你侏儒对这个瞬间有何看法呢？——难道这个出入口不是也一定已经——在此存在过了吗？/还有，难道万物不是如此坚固地纠结在一起，以至于这个瞬间吸引了所有将来的事物吗？那么——它自身也是吗？/因为，万物中可能跑动者：也在这长路上出去——还必定再次跑这条路！——/而且，这个在月光下爬行的缓慢的蜘蛛，以及这月光本身，还有在出入口的我与你，一起低语，低声诉说着永恒的事物——难道我们全体不是一定已经在此存在过了吗？/——而且难道我们不是一定要返回来，在那另一条路上跑，跑出去，跑到我们前面，在这条可怕的长路上——难道

我们不是一定要永恒地返回吗?——"①这是海德格尔理解尼采
永恒轮回的核心问题。查拉图斯特拉描写了一个出入口,在出入
口处有两条小道,这两条小道都无限地延展。那个出入口就是瞬
间本身,就是"现在"(Gegenwart),两条小道意指"将来"
(Zukunft)与"过去"(Vergangenheit)。查拉图斯特拉问侏儒,这
两条小道会相交吗? 侏儒回答说,这两条小道一定会相交的,它
们只是一个不断回复到自身的大圆环可见的一段而已。这整个
情景告诉我们,关于永恒轮回的学说是与时间和永恒领域联结在
一起的。也就是说,尼采对永恒轮回本质的理解最终要落实到对
时间本质的理解。从侏儒的回答可以看出,他似乎给出了正确的
答案,因为时间在侏儒那里已经不是流俗的那种"过去的现在"、
"现在的现在"以及"将来的现在"线性时间观,但侏儒只是作为旁
观者给出了答案,他不能理解"瞬间"的真正意义,因为在侏儒那
里仍然具有对未来世界的渴望即对超感性领域的向往,同时也有
对过去险恶事物的回避与憎恶,也就是没有真正做到对当下瞬间
的肯定。所以查拉图斯特拉说侏儒把问题弄得太简单了。"相同
者的永恒轮回中的永恒性是尼采要求我们思考的;这种永恒性的
时间的时间性乃是人置身其中的时间性。首先是人而且——就
我们所知——只有人才置身于这种时间性中,因为人在向将来展
开、保存曾在之际塑造和承受着当前。"②因为只有置身于瞬间之
中,他才能向"将来"开放,又能将"过去"保留下来。"真正知道这
个圆环中的圆环,恰恰意味着首先并且不断地克服在这个学说中
表达出来的那个黑色可怕的东西,那就是:如果一切都在轮回,那
么,一切决断、一切努力和力求向上的意愿,就都是无关紧要的
了;如果一切都在兜圈子,那就没有什么是值得的了;于是,从这

---

① 尼采.查拉图斯特拉如是说[M].孙周兴译.上海人民出版社,2011:200-201。
② 海德格尔.尼采[M].孙周兴译.商务印书馆,2012:376。

个学说中就只会得出厌倦,最后就会得出对生活的否定。"①这就是海德格尔所说的虚无主义的预备形式,也就是叔本华的悲观主义哲学。侏儒与动物们都持这种观点,而尼采恰恰就是要克服侏儒的这种观点。"只有对于一个并非旁观者,而本身就是瞬间的人来说,才会有一种碰撞;这个人的行动深入到将来,又不让过去消失,而倒是同时把过去接受和肯定下来。……看到这个瞬间,这意思就是说:置身于这个瞬间之中。但侏儒却守在外面,蹲坐于一旁。……永恒轮回学说中最沉重和最本真的东西就是:永恒在瞬间中存在,瞬间不是稍纵即逝的现在,不是对一个旁观者来说仅仅倏忽而过的一刹那,而是将来与过去的碰撞。在这种碰撞中,瞬间得以达到自身。瞬间决定着一切如何轮回。"②这样,轮回思想就成为了最高的肯定公式,因为它不再欲求将来,也不再仇恨过去,它把极端的否定、痛苦、毁灭也当作存在者固有的成分而肯定下来。在查拉图斯特拉那里,深渊属于高空,对凶险与丑陋的克服并不是对它的清除,而是对它存在必然性的承认。痛苦与希望、伟大与渺小、一切毁灭与否定,一切黑暗与凶险的东西都得到了肯定。"如何理解尼采这里的'瞬间'? 我认为它对应于希腊词语 Kairos,即'契机''时机'的意思。当希腊人发觉现在正是做某事的恰当时刻,时机已经充分成熟时,他们说的是Kairos。由 Kairos 传达的时间不是线性的现在之流,而是系于实际处境和形势的实际发生和循环涌现的机缘。这种循环轮回是'瞬间'意义上的永恒轮回,只有此时此刻才是最重要的,此时此刻蕴含着我们对过去的追忆,以及我们对未来的期望。传统哲学和神学的线性超越意义上的'永恒'被尼采转化为'瞬间—时机'意义上的'永恒',正是在此意义上,海德格尔说尼采'把瞬

---

① 海德格尔. 尼采[M]. 孙周兴译. 商务印书馆,2012:324。
② 海德格尔. 尼采[M]. 孙周兴译. 商务印书馆,2012:326 - 327。

间永恒化'了。"①

　　孙周兴先生认为，"'永恒在瞬间中存在'——这是海德格尔对尼采永恒轮回学说的总结之言，而要理解这个思想，重要的是破除'线性时间观'或'线性时间结构'而形成确当的三维循环涌现的时间观"②。所谓永恒在瞬间中存在指向的是个体的当下存在，个体生活在每个当下，从而使瞬间永恒化。事实上，无论是尼采还是海德格尔的"瞬间"都已经远远超越了传统的线性时间观。尼采的"瞬间"是个人常规生活的打破，个人不再欲求未来的美好，也不再回避过去的不幸；是人类的一种伟大的解脱，从各种道德困境中解脱出来；是一种自由精神的诞生。而这一切则是通过一种自我克服意义上的超越活动实现的，这是一种发自内部意志意欲自身之强力的过程。对于这种意志来说，不存在什么超验的种种价值取向，这些价值都已经贬黜了，即上帝已死了。总之，尼采通过对一切事物当下化的绝对肯定让永恒在瞬间中存在，让事件获得意义，无论这些事物是过往之物还是将来之物，是丑恶之物还是美好之物，这些都是无关紧要的。只有这样才避免生命的衰败，张扬生命之强力。

　　海德格尔认为，尼采的瞬间概念已经破除了传统的线性时间观，在时间问题上迈出了重要的步骤，但这还远远不够，"相同者的永恒轮回思想只是作为这个具有克服作用的思想才存在。这种克服必然使我们去穿越一条表面看来相当狭窄的鸿沟。这条鸿沟处于两个以某种方式相似的、以至于好像是相同的东西之间。其中一方面是：一切皆虚无，一切都是无关紧要的，以至于没有什么是值得的——一切都相同。另一方面是：一切皆轮回，每

　　①　孙周兴.尼采与现代性美学精神[J].学术界，2018(6)：12-13。
　　②　孙周兴.永恒在瞬间中存在——论尼采永恒轮回学说的实存论意义[J].同济大学学报.2014(5)：7。

个瞬间都是重要的,一切都是重要的——一切都相同。这条最最狭小的鸿沟,'一切都相同'这个说法的假桥,遮蔽着两个截然不同的东西:'一切都是无关紧要的'与'没有什么是无关紧要的'。在关于相同者永恒轮回的思想(作为本质上具有克服作用的思想)中,对这个最狭小的鸿沟的克服乃是最为艰难的克服"①。在海德格尔看来,尼采在瞬间意义上的那种"一切都是无关紧要的"肯定方式并没有真正从个人生存的瞬间与决断意义方面去理解,只有从瞬间中的决断、选择、争取、斗争方面去筹划自己的人生此在方可克服虚无主义。于是海德格尔回到了自己的此在时间观。这一点我们可以引用柏格勒的观点作为证据:"实际上,在相同东西的永恒回复中所谓的'一切东西是相同的'能够有两种含义。它可以意味着:任何时刻都是无关紧要的,因为一切东西都在回复;没有自由,没有决断,因为一切东西决然回复。但它也可以意味着:一切东西在回复,在任何时刻都有最高的决断,为了永恒性的决断,因而没有什么东西是无关紧要的。海德格尔对回复学说所作的解释必须与两种解释区别开来,一种解释对这种学说只能像在《查拉图斯特拉如是说》中的侏儒那样去思考,因此完全不能思考(I,295);另一种解释致力于尼采的永恒回复学说,因为它相信已经获悉,凡是能够发生的东西是无目标、目的与意义的。"②

　　海德格尔的"瞬间"不是线性时间的流逝,不是现成存在于此在面前具体的什么东西。瞬间(Augenblick)具有希腊的契机、时机(kairos)之意,表示现在正是做某事的恰当时刻,时机已经成熟。"一个契机(Kairos)是某种新东西,它还隐蔽在将来中,但又

---

① 海德格尔. 尼采[M]. 孙周兴译. 商务印书馆,2012:467.
② 奥托·珀格勒. 马丁·海德格尔的思想之路[M]. 宋祖良译. 台湾仰哲出版社,1994:124.

已经突入当前之中。"①"在早期文本中，海德格尔经常使用
Augenblick 这个词，但它明显是与希腊词 *kairos* 的解释联系在一
起的。"②实际上，海德格尔对这个词的理解直接来源于亚里士多
德。"在亚里士多德那儿，……一个好的决断的关键环节是对时
机的把握。这一点为海德格尔所采纳并突出强调。……人在
'此'存在，总是处身于具体的境域中，人的存在作为此在总是处
于当下的时机（kairos，Augenblick）中。"③它是此在在实际处境和
形势中实际发生与涌现的机缘。但这种瞬间需要此在去发现、去
创造，是此在不断奋争与努力的结果，是此在本己本真生存的体
现，所谓本己本真生存就是此在投入瞬间，并迫使此在做出决断。
"眼下瞬间无非是决断性的眼界，它使行为的整个处境展现出来，
并保持开放。"④瞬间是对时间的另外一种经历，是此在的突然变
化与转折、沉沦与解脱，它强制此在做出决断，专注于对机会的敏
感。在海德格尔那里瞬间也是一种非常状态，投入瞬间意味着冒
险。"这是由于人们接受内在惊恐的眼下瞬间，它自身携带着各
种秘密，而且赋予人生此在以它的伟大。"⑤因为在海德格尔看来，
此在之本真生存先于一切预言与世界观的规定，它也不是生存的
智慧。这种瞬间感受来自于畏惧、无聊、良心的呼唤，使此在从散
落飘零走向聚集，从日常操心走向伟大瞬间，走向对虚无的超越。
那里有奇迹发生，人的创造性潜力得到发挥，能够产生某些新东

---

① 黑尔德.世界现象学[M].孙周兴编，倪梁康等译.生活・读书・新知三联书
店,2003:130。

② Hakhamanesh Zangeneh. Phenomenological Problems for the Kairological
Reading of Augenblick in *Being and Time*. *International Journal of philosophical
Studies*. Vol.19(4), p.540.

③ 朱清华.回到源初的生存现象——海德格尔前期对亚里士多德的存在论诠释
[M].首都师范大学出版社,2009:114。

④ 吕迪格尔・萨弗兰斯基.海德格尔传[M].靳希平译.商务印书馆,1999:235。

⑤ 吕迪格尔・萨弗兰斯基.海德格尔传[M].靳希平译.商务印书馆,1999:239。

西,可以重新塑造自己与世界,可以让一个世界生长与毁灭,也可以让一个新世界从虚无诞生,人可以重新来到这个世界,在开放的广阔空间生存。"人生此在的生存的最高形式,是返回到人生此在十分罕见的瞬间,它在人生此在的生与死之间持续,人类此在在十分罕见的瞬间中,生存在他的本己本真的、可能性的巅峰。"①

从以上对海德格尔与尼采关于瞬间的考查我们可以看到,尼采的"瞬间"执着于对当下的无条件接受与肯定,而海德格尔更强调此在在瞬间处境中对时机性的选择、决断、努力与奋争。二者在时间问题上除了具有共通性外,更具有超越性,海德格尔较之尼采又向前迈进了一步。"不仅对这个思想的思考始终必须根据个体之决断的创造性瞬间来进行,而且这个思想作为生命本身所含的思想就是一个历史性的决断———一个紧急关头(Krisis)。"②这充分证明了海德格尔的生存论时间观对尼采永恒轮回思想的超越性。正是在尼采对瞬间处境的理解上缺乏个体决断的创造性这样一个维度,海德格尔才将尼采的时间观归入传统时间观的轨迹。"尼采仍然没有看到时间问题对于形而上学主导问题的展开所具有的意义,因而也没有看到形而上学主导问题本身的更深本源。"③但洛维特并不认为海德格尔的时间观就超越了尼采,同时也不认为尼采的时间观仍然处于传统轨道上,"尼采将永恒视为一种始终—存在(Immer-sein)而非无时间性(Zeitlosigkeit),将它作为持续的当下或作为一种[始终具有相同种类、相同力量和相同意义的]生成之'在场'(Anwessenheit)而加以思考(《什么是思想》,第40页及以下;《演讲与论文集》,第109页),这一点是不容否认的。问题只是在于,这是否是存在的一种缺乏和缺失,或

① 吕迪格尔·萨弗兰斯基.海德格尔传[M].靳希平译.商务印书馆,1999:256。
② 海德格尔.尼采[M].孙周兴译.商务印书馆,2012:437。
③ 海德格尔.尼采[M].孙周兴译.商务印书馆,2012:366。

者它并非毋宁是存在的永恒—时间性的或持续存在的真理。最后，它是智慧的缺乏，这种缺乏并不想承认，只有当它知道世界之'走向完成'时，也就是说，只有当它看到，在一个'今天'的每一瞬间，'从前'和'以后'都像存在之圆中的所有存在者一样是并列在一起的，它才将知识带入了整体和完成。'万物去了又来；存在之轮永远转动。万物枯了又荣，存在之年永远行进。万物分了又合；同一座存在之屋永远在建造中。万物离了又聚；存在之环永远忠实于自己。存在始于每一刹那，每个那里之球都绕着每个这里旋转。中心无所不在。存在之路是弯曲的。'查拉图斯特拉通过他的动物，对他的学说做出了第一次宣告，这学说显然不是无条件的新的东西，而是在关于意愿的现代立场上，重复很久以前就已经由形而上学所思考过的东西。但是谁对我们说，真理时时都通过'存在之别种的命运'而改变自身，并且它不像所有存在着的存在那样，始终保持为同一个东西，并因此而随着时间而在认识着的意识中复归？如果尼采思考过，什么东西是'现在'在［权力意志的时代和在即将到来的大地的统治中］显然合乎时宜的（an der Zeit），那么他就始终是一个对他的时代的不合时宜的批判者。他只有通过从时代的疾病中解放出来，才能成为一个'康复期的病人'。这一康复期的病人作为最后一个爱真理的人，意识到了始终存在的东西，这种东西会一再轮回，因为它在所有的变化和变迁中都保持相同"①。

第三节　海德格尔与尼采的"复仇精神"之争

海德格尔在《谁是尼采的查拉图斯特拉?》一文中重新探讨了

---

① 洛维特.尼采[M].刘心舟译.中国华侨出版社,2019:367-368。

尼采的永恒轮回学说。与上述对尼采的理解不同的是,海德格尔将这一思想与尼采的"复仇精神"联系起来加以阐释,从而更进一步将尼采置入形而上学传统之中。在这篇文章中,海德格尔表明,在《查拉图斯特拉如是说》关于永恒轮回学说的论述中尼采达到了他思想的最高峰。"因为尼采认识到这样一个历史性时刻,人在这个时刻准备开始对整个地球的统治。在这方面,尼采是第一个思想家。"①在《查拉图斯特拉如是说》中,构成尼采基本思想与形而上学核心的是尼采关于复仇的问题。海德格尔的解释主要是针对这部著作第二卷中的两段话展开:第一,"这个,的确,只有这个,才是复仇本身:意志对时间和它的'它曾是'的憎恶"②。第二,"因为人类是要解脱复仇的:在我看来,这就是通向最高希望的桥梁,漫长暴风雨之后的一道彩虹"③。尼采所指的"复仇"是指从柏拉图哲学以来的全部形而上学传统,它们看到的是时间的一维性,万物在感性世界中流逝,感性世界是一个永不停息的生成与毁灭的世界。人们面对现实世界的消逝无能为力,从而感到自身生存及周围世界的无意义性,所表现出的是对时间之流逝的憎恶,对生成与变化的憎恶,于是便产生复仇心理,竭力贬低尘世间一切事物之消逝。对生成世界的这种憎恶转而使人们去建立一个永恒不变、独立于时间之外的超感性世界,这个超感性世界不动不变,但却是一切运动变化的原因,如柏拉图的理念、基督教的上帝、现代主体形而上学中人类的表象性思维,它们以此为标准来贬低、压制具有生成特征的感性世界领域。总之,生命是痛苦的,超感性至高无上的彼岸世界才是真实存在的。而在尼采看来,这些都是由复仇精神所规定的。"对尼采来说,最深的复仇在

① 海德格尔.演讲与论文集[M].孙周兴译.生活·读书·新知三联书店,2005:110。
② 尼采.查拉图斯特拉如是说[M].孙周兴译.上海人民出版社,2011:180。
③ 尼采.查拉图斯特拉如是说[M].孙周兴译.上海人民出版社,2011:125-126。

于那种沉思，它把超时间的理想设定为绝对的，以此来衡量，时间性的东西就不得不把自己贬降为根本不存在的东西了。"①它们都是生命衰败的象征，为此，尼采提出了强力意志哲学，彰显生命的强力。这就要求肯定生成与消逝，如何达到这种肯定？于是尼采提出了永恒轮回学说。这种肯定意味着：无论过去如何丑恶与无聊，我们都会一直意愿过去，并希望一如既往地这样过下去，而不再寄托于一个虚无缥缈的彼岸世界，以肯定生成的方式来拯救生命。"把过去者救赎出来，并且把一切'它曾是'改造为一种'我曾如是意愿它！'——这在我看来才叫救赎！"②这样便使生成得以持存，生成不再是无尽的生成，而是进入了永恒的轮回往返。这便是尼采相同者的永恒轮回学说，也就是尼采所说的复仇精神的解除。而尼采的超人就是肯定一种无限生成与变易世界的那样一种人的类型。解除复仇精神即承认永恒轮回是由人过渡至超人的桥梁。那么如何实现由人向超人的过渡呢？或者说如何实现由否定当下到肯定当下的过渡呢？那就是从否定中解脱出来，对肯定敞开。所以，海德格尔说，查拉图斯特拉是这一命题的辩护人："一切存在者都是强力意志，作为创造着、冲撞着的意志，强力意志忍受着痛苦，因而就在相同者的永恒轮回中意愿自身。"③超人就是这样一个意愿者，它力求过渡，过渡至它的意愿之所，即永恒轮回所实现的作为强力保存与提高的强力意志，它把将来、曾在与当前聚为当下，对复仇的解除就是实现这种过渡的桥梁。

海德格尔认为，尼采的复仇概念既非道德的，亦非政治的，而是形而上学的。"当尼采把复仇理解为贯穿并且规定人与存在者

---

① 海德格尔.演讲与论文集[M].孙周兴译.生活·读书·新知三联书店,2005：122。

② 尼采.查拉图斯特拉如是说[M].孙周兴译.上海人民出版社,2011：179。

③ 海德格尔.演讲与论文集[M].孙周兴译.生活·读书·新知三联书店,2005：106。

之关联的精神时,他自始就对复仇作了形而上学的思考。"①复仇
是对具有生成特性的存在者的反抗与贬低,这种贬低使主体在被
贬低者面前把自身置于绝对优先地位,从而使自己对存在者具有
决定作用。按照海德格尔的理解,"本质"与"实存"是构成形而上
学的基本要素,它们说的是"存在者是什么"与"存在者如何存
在",从现代形而上学开始,意志便是表示"存在者是什么"的概
念,而尼采"强力意志"解决的是存在者整体存在问题,自然也是
"存在者是什么"的问题。尼采由复仇以及复仇之解除问题而提
出的相同者的永恒轮回问题,则是解决"存在者如何存在"的
问题。

在海德格尔看来,尼采并没有真正解除复仇精神,而是被他
一直竭力克服的复仇精神所俘虏,成为复仇精神的牺牲品。毫无
疑问,这一论断是海德格尔把尼采的永恒轮回学说纳入自己哲学
理解的先决条件。海德格尔多次引用尼采的这则笔记:"要点重
述:给生成打上存在之特征的烙印——这乃是最高的强力意志。
双重的伪造,一方面是基于感官的伪造,另一方面是基于精神的
伪造,旨在保存一个存在者世界,一个持久之物、等价之物等等的
世界。一切皆轮回,这是一个生成世界向存在世界的极度接
近——此乃观察的顶峰。"②海德格尔认为,在这个表达中,它把一
切生成都纳入相同者的永恒轮回的桎梏之中,仍然隐含着一种对
单纯消逝的憎恶,从而也还隐含着一种复仇精神。也就是说,尼
采并没有把生成认作绝对的生成,而是把生成认作相同者的永恒
轮回中的生成,这种将持存性置入生成之中的方式仍然包含着对
生成的压制,也就是仍然存在着复仇精神。诚如柏格勒所说,"确

① 海德格尔.演讲与论文集[M].孙周兴译.生活·读书·新知三联书店,2005:117。
② 海德格尔.尼采[M].孙周兴译.商务印书馆,2012:979。

实,永恒回复思想是针对柏拉图主义的那种反思想,柏拉图主义使作为自在存在者的理念超出存在者,因而超出人的意愿。它也是针对犹太基督教信仰的那种反思想,这种信仰把存在者交到神的手中,因而使存在者脱离开人的行动。在回复中,回复着的无非就是强力意志本身。当强力意志希望自身作为永恒回复时,它立足于自身。但是,当尼采把强力意志考虑为朝着自身而固定自身的持续的东西时,那么,他难道不是以他的方式还在把存在看作固定的在场的那种形而上学的意义上进行思考吗?"① 在此意义上,这一学说仍然行走在西方形而上学的轨道上,"在尼采最重要的关于相同者的永恒轮回的思想中,他把来自西方哲学之开端的两个对存在者的基本规定——作为生成的存在者与作为持存状态的存在者——联合为一体了"。② 所以,尼采的形而上学是形而上学的终结,而没有进入开端性的开端之中。因为它得以依据的东西即柏拉图哲学已经是开端的脱落了,即使对它的颠倒也没有消除柏拉图主义的基本立场,最终形成了一个闭合的圆圈,已经失去了任何追问的可能性。尼采对两个世界的颠倒,即把永恒不变的复仇意志演变为执着于感性世界之生成的强力意志,将理性的人变为动物性的人,但两个世界之间的这种区分结构仍然存在。甚至将复仇推向极致,用狄奥尼索斯对抗钉在十字架上的人。颠倒的柏拉图主义仍然是柏拉图主义,"即便柏拉图式的在超感性与感性之间的等级次序被颠倒过来了,感性在尼采以狄奥尼索斯(Dionysos)之名给予命名的那种意义上得到更本质性的和更宽广的经验,这时候,这种区分也还继续持存着"。③ 强力意

---

①　奥托·珀格勒. 马丁·海德格尔的思想之路[M]. 宋祖良译. 台湾仰哲出版社,1994:125。

②　海德格尔. 尼采[M]. 孙周兴译. 商务印书馆,2012:492。

③　海德格尔. 演讲与论文集[M]. 孙周兴译. 生活·读书·新知三联书店,2005:127-128。

志的价值形而上学成了虚无主义的彻底完成,相同者的永恒轮回导致对技术本质的强调,因为除了相同者的永恒轮回外没有什么东西是现代机器的本质。这个学说在尼采之后被带进19、20世纪关于世界的技术经济观点之中。它将主体性发挥到极致,以无所不用其极的方式着手开始对地球实行无条件的统治权,最终忽视了对自然与存在的守护,达到了对存在的最终遗忘。"尼采是从狄奥尼索斯精神的角度来解说和经验他那最深邃的思想的。这一点只能说明,尼采依然不得不在形而上学上、而且仅仅以形而上学方式来思考他这个思想。"①而海德格尔提出的"存在的有限性"、"此在的有限性"与"此在的时间性"等概念无疑是对复仇精神的彻底克服。

　　海德格尔认为,尼采的思想是他后期想要克服的形而上学的最本质部分,通过对尼采哲学的批判希望保护自己免受这种形而上学思维的侵蚀。同时,尼采又为他的存在历史之思提供了灵感,为人类未来指明了方向,"这种最深邃的思想隐含着某种未曾被思的东西,某种同时也对形而上学思想锁闭起来的未曾被思的东西"。② 总的来说,在《谁是尼采的查拉图斯特拉?》一文中,海德格尔在思考轮回学说以及隶属于它的超人学说时,表现出对尼采的双重态度。一方面,海德格尔表现出对尼采的一种认同。他的解释竭力服务于尼采哲学,即服务于这种哲学的内在统一性以及这种哲学所具有的伟大力量。另一方面,海德格尔又表现出对尼采的批判。他批判的是这种哲学关涉存在历史的不充分性。尼采哲学以现代主体形而上学的形式把作为一种完成的形而上学带入它最极端的可能性之中。作为形而上学的完成者,尼采只是

---

①　海德格尔.演讲与论文集[M].孙周兴译.生活·读书·新知三联书店,2005:132。

②　海德格尔.演讲与论文集[M].孙周兴译.生活·读书·新知三联书店,2005:132。

一个紧靠形而上学边缘却不能超越它的一个哲学家。海德格尔就以这种对尼采既批判又开放的方式来解读尼采,这样的一种开放实际上是对尼采的一种让步,海德格尔希望在属于自己的思想道路上仍然能与尼采相伴而行。究其原因,这缘于海德格尔总是将尼采放置到他的哲学主导问题(什么是存在者?)与哲学基础问题(什么是存在本身?)之间来处理。这也可以看作是海德格尔整个尼采解释的普遍立场。

第五章　"颠倒"与"旋转":海德格尔与尼采的真理之辩

第一节　尼采的"颠倒":根据认识之本质规定真理之本质

《作为认识的强力意志》是海德格尔于 1938 年在弗莱堡大学冬季学期的尼采讲座。在本次讲座中,海德格尔仍然致力于对尼采"强力意志"的思考,不同的只是变换了角度,是就认识之本质问题进行思考的。他的首节标题即为"尼采作为形而上学之完成的思想家",与第一次讲座《作为艺术的强力意志》相比,海德格尔对尼采的定位有了很大不同。因为《尼采》开篇讲到的是"作为形而上学思想家的尼采"。这种更具体化的定位体现了海德格尔的时代关切。海德格尔认为,尼采是谁并不重要,重要的是尼采将是谁。尼采代表了一种形而上学思想,代表了一种命运,当然不是他个人的命运,而是整个欧洲现时代的历史命运。"尼采预先思考了形而上学的完成。……在这里,所谓'完成'(Vollendung)并不意味着最后把还缺失的部分修补起来,并不是最终把迄今尚未消除的漏洞全部填满。'完成'意味着毫无限制的展开,亦即把一切长期保留下来的存在者之本质强力展开为它们在整体上所要求的东西。"①

在尼采那里，存在者整体是生命，生命的本质是强力意志。既然一切存在者的基本特征是强力意志，那么，在一切领域中都能找到强力意志的存在，如在艺术、认识、自然、政治、历史、国家中。但无论从整个形而上学史来说，还是从现实的人类社会发展来说，认识都具有优先地位。作为认识之成果的科学已经成为现代社会的标尺，人类生活于认识之中，而认识是人们把握真实之物的表象行为。又因为真理是认识的本质要素，所以，真理的本质必然显示出强力意志的本质。正是基于以上这种哲学运思，海德格尔着手从认识与真理的角度来考察尼采的强力意志哲学。

海德格尔引用了尼采的如下笔记："不是'认识'，而是图式化——强加给混沌以如此之多的规律性和形式，以满足我们的实践需要。"②西方形而上学从一开始就把存在者规定为在理性之中可界定的东西。认识即是一种表象，表象是一种觉知，现代称之为理性。存在者之为存在者的本质是在思维的视界内被确定的：理性通过范畴把握存在者，从柏拉图对理念的探讨，到亚里士多德对范畴的界定，从康德对知性十二范畴的运用，到黑格尔《逻辑学》中对辩证法的完整构造。"这种把认识理解为'图式化'的观点与柏拉图和亚里士多德的思想一道，都处于同一个决断领域内。"③通过对认识的考察，海德格尔再次将尼采归入传统形而上学的行列。

"'我相信某物是如此'，这样的评价乃是'真理'的本质。"④海

---

① 海德格尔. 尼采[M]. 孙周兴译. 商务印书馆，2012：503。
② 海德格尔. 尼采[M]. 孙周兴译. 商务印书馆，2012：579。
③ 海德格尔. 尼采[M]. 孙周兴译. 商务印书馆，2012：580。
④ 海德格尔. 尼采[M]. 孙周兴译. 商务印书馆，2012：535。

德格尔将其看作是尼采真理观的要义，认为它的每个词、每个重点号都是重要的，单就这句话就使卷帙浩繁的认识论成为多余。海德格尔认为，尼采的强力意志是新的价值设定的原则，而价值就是生命之所以成为生命的条件，所以，它必然承担、促进和激发生命的提高，也必然为生命设定不同的透视条件，而认识就是强力意志为人类生命设定的内在条件。只要人类要生存，只要它不断地与周遭的存在者打交道，他必然要有赖以生存的工具，这种工具就是认识。人类的本能要求一种安全性、可靠性、准确性，这便涉及认识的本质要素即真理。真理是持以为真，是对相同性的评价。真理作为持存化是内嵌于生命之中的，但作为持以为真的真理在尼采看来只是生命的必要价值，而非最高价值。从根本性来说，整个世界与人类生命本属于混沌，它们要以艺术方式归属于一种生成的混沌。所以它必然以艺术方式表现出来，艺术使生命进入更高的可能性之中。所以，艺术是一种更高的价值，是生命更为原始的透视条件。这里的艺术是在形而上学上被理解的，而非在美学上被理解的。

海德格尔认为，尼采的"价值"是生命得以保存与提高的条件。这里的价值设定并不是指一种从外部通过某个人加给生命的评价。价值设定是生命本身的基本过程，是生命实现与完成它的本质的方式。生命之本质是，为了能够作为生命而存在，生命需要有一种信仰的持续坚固性；而这种信仰就意味着，把某物视为持存的和固定的，把某物看作存在着的。在尼采那里，真理在本质上就是一种评价。真实世界与虚假世界的对立，就是起源于这种评价的价值关系。即使当尼采说真理是一种谬误时，他仍然是在正确性意义上，也就是在对存在者的表象的意义上来把握真理。同时，也是在作为固定的真理与生成世界不一致的意义上将真理看作是谬误。尼采"完全是以现代方式进行思考的。……对于现代思想来说，真理的本质是根据认识的本质来规定的；而对于原初的希腊思想来说,认识的本质是根据真理的本质规定的"。[①] 而"海德格尔认定他的看法与希腊的真理观是一致的"[②]。当尼采说并没有什么真理时,他说的是并没有正确性意义上的真理。真理是一种必要的价值,不可能是最高的价值。真理是持以为真,是对存在者的表象,是对存在者的确信,即对存在者的认识。所以,尼采是根据认识之本质来看待真理之本质的。"尼采把随笛卡尔而开始的那条路走到了尽头。尼采耗尽了达到无条件主体性的最终可能性,他把主体性加以颠倒,不再使合理性或理性,而是使理性的动物的动物性,使躯体成为对存在者进行解释的第一线索:在金黄色的野兽的动物性中,过度的欲望是高级的东西,而理性作为即使必要的稳定和固定生活却只是低级的东西。"[③]

尼采关于公正概念的两则笔记成为海德格尔诠释尼采关于真理本质问题的文本。在第一则笔记中,尼采认为,公正是生命本身的最高代表;在第二则笔记中,尼采认为,公正是一种全景式眺望着的强力的作用。真理的本质在尼采那里被诠释为公正。海德格尔认为,尼采关于公正的思想是在存在者本身的思想范围之内发生的存在之被离弃状态事件。作为公正的真理设定一个视角,这个视角为存在者整体打开了一个空间。这里的公正是否更像是海德格尔的存在呢? 在这里我们清楚地看到,海德格尔始终执着于在尼采形而上学的终结处寻找思想的开端,这样,他并没有把尼采看作是传统道德的批判者,而是把他放到更宏大的形而上学框架中。在这个解释框架中,道德被演绎为一种形而上学的理想建构,道德与公正被思考为形而上学的范畴,而不是伦理的范畴,把尼采的公正看作是一种建构着的、离析着的与消灭着

---

① 海德格尔. 尼采[M]. 孙周兴译. 商务印书馆,2012:576。

② 陈嘉映. 海德格尔哲学概论[M]. 生活·读书·新知三联书店,2005:169。

③ 奥托·珀格勒. 马丁·海德格尔的思想之路[M]. 宋祖良译. 台湾仰哲出版社,1994:136。

的思想方式,是一种依据力与等级的全景式视角。在海德格尔看来,尼采道德批判的重要意义,不是作为一种伦理批判,而是作为一种形而上学批判。所以,海德格尔的阅读似乎忽视了一种伦理维度,缺乏一种道德的而非形而上学意义上的关于公正的理解。海德格尔在这里之所以如此评价尼采的公正之说,是基于他的非形而上学的思想方式。海德格尔超越技术统治地位的"人诗意地栖居""泰然任之""天地神人四方游戏"的思想正是他如此理解尼采公正理论的根据。实际上,海德格尔对尼采真理观之"颠倒"本质的看法,适用于他的整个尼采讲座,即海德格尔认为,尼采"颠倒的柏拉图主义"仍然属于柏拉图主义。洛维特便看到了海德格尔解释的这一整体模式,"对海德格尔来说,尼采的翻转和价值重估都是某种纯粹否定性的东西,因为所有的翻转都在已经被翻转的东西的范围内运动(《林中路》,第 200、214、242 页)。经过尼采的彻底的翻转,形而上学就仅剩下了在它自己的非本质的东西中的颠倒。因为对超出感性之外的东西的消除,同时也消除了单纯感性的东西以及它们两者之间的区别。在尼采那里,对'真实'世界的取消也并不是发生在一种无本质的东西中,而是伴随着一种新的开端,它所开启的是'正午',它作为世界和时间走向完满的那个瞬间,是一种永恒。尼采的自我阐释并没有阻止海德格尔断言,尼采几乎没有超越形而上学,也就是说,没有超越基督教的柏拉图主义。因为他通过一种反对虚无主义的单纯'反向运动',更多地是毫无出路地始终陷在形而上学及其虚无主义的后果中。尽管他在这种翻转的道路上经历了虚无主义的'一些轨迹',但对他自己来说依然意味着虚无主义的东西;虚无主义的'本质',也即对存在之真理的隐藏,就像这之前的一种形而上学一样,几乎没有被意识到(《林中路》,第 244 页)。他对迄今为止的价值的重估最终只是贯彻了对[迄今为止的较高的价值]的早先的去价值化。尼采被局限在意愿着自身的权力意志的视野中,也就是说,被局限在关于价值和对价值的设定的观点中，于是尼采就不再将他自己对价值的重新设定认作是虚无主义"①。

第二节　海德格尔的"旋转"：根据真理之本质规定认识之本质

海德格尔在这一讲座的最后一节提出了一个问题，这个问题可以看作是他对尼采真理观进行评价的理论依据，同时也使得我们转向对海德格尔关于真理问题的探讨：对形而上学真理观的克服并非像尼采那样出于一种真实世界与虚假世界的纯粹颠倒，因为这种颠倒仍然在存在者的领域打转，仍然在符合、一致的意义上寻求真理。事实应该是一种"旋转"，一种由追求存在者的真理旋转到追求存在本身的真理，下面这段文字应该视为海德格尔与尼采关于真理问题之争辩的核心。

"拟人论属于形而上学的最终历史的本质。它间接地规定着对于一个过渡的决断，因为这个过渡同时在完成一种 animal rationale[理性动物]和 subiectum[主体]的'克服'，而且是作为一种旋转，一种在一个首先要通过这些概念才能够达到的转动'点'上的旋转。这种旋转就是：存在者——存在。而这种旋转的转动点就是：存在之真理。这种旋转并不是一种颠倒，而是：旋入另一个基础之中，旋入另一个作为深渊的基础之中。存在之真理的无根基状态历史性地变成为存在之被离弃状态，而后者的要义在于：存在之为存在的解蔽（Entbergung）付诸阙如。其结果就是存在之被遗忘状态，如果我们纯粹在回忆之思（Andenken）的缺失这样一个意义上来理解遗忘的话。把人设定为单纯的人这样一种

---

① 卡尔·洛维特.尼采[M].刘心舟译.中国华侨出版社,2019:365-366。

做法的基础,对存在者的人化的基础,原初地必须在这个领域里寻找。"①依据海德格尔在本次讲座中的看法,形而上学的真理概念的本质内容可归结为两点:其一,真理是理性的一个特征;其二,这个特征的基本特点就在于对存在者之为存在者的提供和表象。这种对真理内容的概括与他在《存在与时间》中对传统真理观的看法基本是一致的。在那里,海德格尔认为,传统真理观的真理之处所是命题;真理之本质是判断与对象的符合;这两种观点均始于亚里士多德。传统的真理观是对生成世界的固定,而尼采认为,作为创造的艺术是与流变的生成世界一致的,它才是真实世界。传统认为,固定不变者是真实世界,生成流变者是虚假世界,而尼采对真实世界与虚假世界作了一个颠倒,但它们之间的区分仍然保留着。当尼采说真理是谬误、幻想、谎言、假象时,他说的是传统的作为固定者的真理。海德格尔认为,人们之间就某一观点、立场的一致与争论是以对同一者和持存者的确定为基础的,我们通常所说的误解与不理解只不过是理解的一种变种而已。也就是说,尼采虽然在认识与真理问题上表现出与传统观点的对峙,甚至于说出了真理是一种谬误的观点,但他仍然是站在符合一致的立场来谈论真理的,即在艺术与生成的世界相一致的意义上谈论真理。所以,尼采关于真理问题的思考具有歧义性:"一方面,真理被思考为对持存者的固定,另一方面,真理又被思考为与现实之物的一致性。只有以这种作为一致性的真理的本质为基础,作为持存状态的真理才能成为一种谬误。"②这是一种双重的歧义性:作为对存在者之固定化的真理与作为与生成者相一致的真理;作为虚假状态的假象与作为闪耀的假象;持以为真的真理是一种谬误,是一种必要的谬误。与生成一致的真理即艺

①　海德格尔.尼采[M].孙周兴译.商务印书馆,2012:682-683。

②　海德格尔.尼采[M].孙周兴译.商务印书馆,2012:647。

术是假象,是一种具有美化作用的假象。

那么,海德格尔是依据什么来评论尼采所谓境域与透视特征的真理概念的呢? 海德格尔的旋转又是怎样做到克服形而上学真理概念的呢? 他说,境域与透视"两者都植根于人类存在的一个更为原始的本质形态中,即在此之在(Da-sein)中,而尼采却与他之前的所有形而上学一样,很少能够看到这个本质形态"①。海德格尔旋转所到之处的地基又在哪里呢? "根据我的《存在与时间》,这个基础就是存在领悟(Seinsverstandnis)。存在领悟并不是最终的东西,而只是最先的东西;我们对这个基础的探究正是从中获得其起点的,从而得以把存在思考为深渊(Ab-Grund)。"②海德格尔认为,自柏拉图以来的历史就是存在之遗忘的历史。他的哲学就是从追寻存在之意义开始的,而存在之意义就是存在之真理。存在之真理在《存在与时间》中则表现为此在对存在的领会,在海德格尔哲学的中后期,如在《论真理的本质》与《论根据的本质》中,这种立场又从此在转向了存在与去蔽本身。诚如洛维特所说,"海德格尔思想的新颖之处在于,他首先把存在的真理归结为此在(Dasein)的有限性及其对存在的理解,并最终把真理本身与存在本身理解为真理与存在的历史的发生"③。在海德格尔看来,以往哲学追寻的都是存在者之真理,传统认识论已经将哲学引向了死胡同,切断了认识活动的根基。因此,"如何领会和表述这一先于认识活动并即为认识活动的根基的去蔽,将成为海德格尔真理论的全部努力所在"④。希腊人用剥夺性的词 a-letheia(无蔽)表示真理,它不是指认识状态下的某种性质,而是某种真

① 海德格尔. 尼采[M]. 孙周兴译. 商务印书馆,2012:599 - 600。

② 海德格尔. 尼采[M]. 孙周兴译. 商务印书馆,2012:603。

③ 洛维特等. 墙上的书写——尼采与基督教[M]. 田立年、吴增定等译. 华夏出版社,2004:108。

④ 陈嘉映. 海德格尔哲学概论[M]. 生活·读书·新知三联书店,2005:168。

实存在者；而动词 alethenein（去蔽）则是指将存在者从其遮蔽状态中争夺出来让人观看，被揭示的东西并不是主体表象意义上的观念的东西，而是与真实的东西相一致。按照海德格尔的前期观点，"真理首先指此在本身的展开"①。只要此在存在，它就以各种方式展开着，此在就在真理中，也就是说，就处在某种展开状态中。没有此在就没有真理，而此在本身则是在超越中来到自己本身。此在并非一开始就与某一现成事物相对立，并非一开始就能够认识某一现成事物，此在首先以一种在—世界之中—存在的方式烦忙于世。只有当某种烦忙活动发生断裂，世内的现成存在者才以其纯粹外观的方式来照面，于是，此在才把它当作某种对象化的事物从理论上加以考察。所以，认识只是此在在世的一种样式，只是此在在世的一种次级方式，并不具有原始性。然而，自柏拉图以来的传统认识论强调"看"的优先地位，而"看"又与知相关联。于是，对存在的原始领会转变为纯粹的知，即此在对上手事物的领会演变为主体对现成在手事物的认识。所以，命题、判断并不是真理的原始所在，它只具有派生性。正确性意义上的真理依赖于对存在的基本领会，也就是依赖于它预设的前提，如把存在领会为上帝或理性的设计，又如把人领会为理性的承担者与施行者。"第一位真的，是此在的展开，随之得到揭示的存在者是第二位的真，命题之真则是派生出来的，排在第三位。"②在海德格尔那里，似乎真理并不在于对错之分，而只在于真的程度不同。既然真理的原始处所不在命题、判断之中，那么真理的本质也就不是知与物的符合了。而在海德格尔的中后期则强调，"真理的本质即是自由"。而这里的自由显然不是人所具有的某种属性意义上的自由，自由是指让存在者在公开场中如其所是的那样公开自

---

① 陈嘉映.海德格尔哲学概论[M].生活·读书·新知三联书店，2005：170。
② 陈嘉映.海德格尔哲学概论[M].生活·读书·新知三联书店，2005：180。

身。"公开场"成为海德格尔中后期真理观的核心概念，在各种场合海德格尔又将其称为"疏明之地"或"无蔽"，这片公开场将表象与对象聚到一起而发生关联。此在的一切行为都要在这种公开场中才能展开，在此基础上才能被命题判断道出。后期海德格尔甚至从遮蔽与去蔽的关系去理解真理。在《柏拉图的真理学说》与《论真理的本质》中，海德格尔进一步批判了西方真理观的源头即柏拉图的理念论。他认为，柏拉图的理念朝向了作为单纯展现的未遮蔽状态，使某物在其外观上可以看见。理念让在场物在场于它的持久性之中，并在此意义上在场于它的"存在"中。从理念去理解真理的本质，真理便放弃了与遮蔽状态的关系：一切都取决于理念看到的正确性，正确性作为认识与一个东西相一致，被确定在认识中，或在人的认识中，或在神的认识中。它在现代演变为确信，思想使自身进入这种确信。当尼采把真理看作一种必要的谬误时，他也是从正确性方面去理解的。也就是说，柏拉图的理念将存在看作固定的在场，是未遮蔽状态，是纯粹的被展现状态，它把虚无驱逐出存在，把生成驱逐出存在者领域，着眼于外观，着眼于纯粹的证明，没有从遮蔽与去蔽、在场与不在场的关系去理解存在。总的来说，传统真理观没有从遮蔽与去蔽的相互作用来思考真理，只有从遮蔽与去蔽之间的斗争才能去思考原初的真理。由此看来，海德格尔对真理的看法比前期更进了一步。而遮蔽与去蔽相互斗争的真理又是如何运作的呢？海德格尔称为"奥秘"。而奥秘"属于真理本身而不是人的无能造成的。这种原始的掩蔽不是对真理的遮蔽而是真理之能演历的条件。这层掩蔽是对被掩蔽者的保护因而才会有现象、显现这样的事情发生。由是，求真者不是要揭除这层掩蔽，也不可能揭除；求真者须记取这一掩蔽"①。

---

① 陈嘉映.海德格尔哲学概论[M].生活·读书·新知三联书店,2005:189.

　　海德格尔正是依据上述关于真理问题的看法来展开对尼采认识观与真理观的评判。这种批判我们大致可以归结为以下几点:第一,柏拉图本身以"理念"为根基的存在论与以"看"为根据的认为论本身就是对存在的遗忘,就是对希腊原初真理的遮蔽,尼采对它的颠倒自然也难逃其窠臼。尼采"只不过是对柏拉图理念论的一种特定方式的颠倒,也就是说,它在本质上是与后者同一的"①。第二,当尼采说真理是一种谬误时,他仍是在认识论的轨道上思考真理问题;第三,尼采仍然在追求一种符合于一致意义上的真理,只不过他寻求的是艺术与生成世界的符合与一致。总的来说,海德格尔"作为认识的强力意志"的讲座对传统认识论与传统形而上学提出了强烈挑战。他否认理性、真理与知识是固定、静止、不变的本质或关系,它们附属于不断变化的存在者整体。海德格尔认为,在形而上学的终结处,也就是由尼采的强力意志哲学所达到的这种终结处,真理被尼采思考为一种命令,一种决断性假设,一种必要的谬误,一种加于混沌之上的秩序。而这一切又与传统形而上学有着本质的关联。

第三节　尼采对真理的"去幻象化"

　　尽管海德格尔通过"旋转"的方式将尼采"颠倒"的真理观进行了形而上学化,但如果我们深入到尼采文本之中的话就会发现,尼采对真理的看法非但不是海德格尔所说的是传统符合论的继续,而且与海德格尔对传统真理的看法具有同样的解构意义。概括来说,尼采与海德格尔对真理解构的特征可以分别概括为"去幻象化"与"再存在论化"。本节探讨尼采对传统真理观的解

---

① 海德格尔.尼采[M].孙周兴译.商务印书馆,2012:611-612。

构,下节探讨海德格尔对传统真理观的解构。

在尼采看来,真理只是出于生存的需要而对复杂世界加以简化的一种技艺。在此意义上,尼采才说真理是生命的必要价值,而非最高价值,而艺术才是生命的最高价值。为此,尼采清除了真理之思的理想化与道德化倾向,即真理之思的幻象化,因为这种幻象威胁了生命本身,这在他的早期论文《真理和谎言之非道德论》中表现得最为突出,这也代表了他一生一以贯之的真理立场。在这篇论文中,尼采探讨了真理冲动的来源问题,在对社会协定、语言、概念与知识的考察过程中,尼采认为,人没有真理冲动,只有谎言冲动,它才是人类的根本冲动。他由此指出了纯粹真理是不可认识的,生活是由谎言构成的。同时,尼采借助艺术指明了真诚的重要性,重申了未来哲学家的使命。

尼采首先从人的自我保存角度指出了无处不在的谎言,这些谎言体现为生活智慧与社会协定两个方面:人被赋予智力不过是使他们暂时滞留于存在的一种手段,它只是一种游戏,并非生活的真实,但这种谎言对生存具有必要性。同时人又是以合群的方式来自保的社会性动物,和平协定应运而生,"真理"也由此产生。这样,真理与谎言的对立就源于是否遵从社会的普遍协定这一标准。社会协定纵然普遍,但仍是出于自保的人造"真理",根本上仍是谎言。语言的使用本身就是一种谎言。语言命名事物的过程有两个环节:神经刺激转变为视觉形象,视觉形象在声音中被摹写。"从神经刺激进一步推论到我们之外的一个原因,这就已经是充足理由律的误用和滥用了。"①仅就这两个环节来说,每一次转化都是隐喻式的,把一样东西叫作一个名字完全是任意的行为。这意味着语言发生的方式是美学的,而非逻辑的,因此也就不能保证作为结果的词与原始事物之间有必然的因果联系。因

---

① 尼采.哲学与真理[M].田立年译.上海社会科学院出版社,1997:103。

此,"对于语词来说,从来就没有什么真理问题,从来就没有什么
正确表述问题,否则就不会有如此之多的语言了"[1]。创造和使用
语言仍然只是出于实用性的意图,而非寻求真理。语言的发生也
是概念的形成过程。概念的产生是通过将某方面的共同特征抽
象出来,省略具体事物其他各方面的差别,忽视个体性的东西。
概念的形成是拟人的,是人根据自己的需求进行选取,不能反映
任何自然中的实在。由此来看,概念是死去了的隐喻,它和语词
同样是谎言。概念的重要性在于它是知识的要素,知识是人发明
的游戏,人乐在其中,却无法超出它抵达事物本身。这样,不仅概
念的形成是拟人的,建立在概念之上的知识同样是拟人的,是高
度的主观性创造,只是打动自己的方式而非自然的事实。

我们通常所说的"真理"其实在认识方面指的是一些原本活
动中表达人类关系的隐喻与拟人法,当它们在长时间使用中被固
定下来,对于一个民族有了普遍约束力时,就成为了"真理";在道
德方面"真理"产生于人们出于自保而订立的和平协定,遵从这一
协定并为群体所接受的行为就是符合"真理"的。"真理"的两个
方面都有如下特征:第一,它不是真正意义上的真理,而是被遗忘
了的谎言。一方面说谎是人的本能,是人生存之必须,为此必然
发明认识。另一方面人又必然遗忘他在说谎,而是将之视作真
理,产生一种"真理感",只有这样人才能生活。第二,"真理"是人
创造的,又反过来对人有规范作用,人让它指导自己的生命与行
动,被代代相传充分固定下来时便成了"真理"。人既然不可能认
识真正意义上的真理即纯粹知识,只能认识人造的"真理",因此,
人的"真理冲动"也是面向人造的"真理"而非纯粹知识。科学家、
哲学家所谓"寻找真理的冲动"只不过是面向人类自己的真理感,
是一种"真理信仰冲动",是一种"改头换面的幸福主义冲动","一

---

[1] 尼采. 哲学与真理[M]. 田立年译. 上海社会科学院出版社,1997:104。

切冲动都与快乐和痛苦有关……对于没有任何后果的纯粹无偏真理的冲动是不可能的"①。由此真理冲动的来源就得以澄清。这样，真理和谎言与道德上的真假好坏没有对应关系，并非真理就是真与善，谎言就对应着假与恶。道德作为一种谎言，是人的发明，只是经历了长时间被固定下来后，其欺骗性被遗忘罢了。因此，善与恶都是一种谎言，它们本质上是相似的。由此看来，"真理冲动"实质上是一种"幸福主义冲动"，指的是"真理"能够产生一些幸福的后果，诸如有利于自我保存、满足实际需求或是带来快乐。在尼采看来，这种幸福是较低级的，幸福还有一个更重要的来源——创造。创造者从他们的直觉中收获了欢乐与拯救，他们忠实于自己的感受，表达着高扬的幸福。这就是另一种谎言——艺术。

尼采为何认为同样作为谎言艺术比知识更高级？答案就是"艺术比知识更有力量，因为它渴望生活"②。人类一方面不断地建造概念大厦，一方面又进行新的转喻，打破概念，向往变幻不定世界的冲动。这是人类的根本冲动，在神话和艺术中得以释放。艺术创造的冲动是不可抑制的人类天性。艺术作为谎言与其他几种谎言不同，它是一种"自主的谎言"，即承认自己是谎言的谎言，艺术创造出的世界并非真实。因此，艺术的意图并非欺骗，并不造成伤害。单就说谎这一行为本身而言，并不存在欺骗不欺骗的问题。只有诱使人们把谎言当作真理，才是一种欺骗。艺术只需要人们把谎言当作谎言，因此，它是"真诚的幻想"。相比之下，以往的柏拉图主义哲学和基督教都是在诱使人将虚构的理念、彼岸视为真实。

这样，真理和谎言的对立不再作为对信念的评价标准，尼采

---

① 尼采.哲学与真理[M].田立年译.上海社会科学院出版社，1997：121。
② 尼采.哲学与真理[M].田立年译.上海社会科学院出版社，1997：6。

弱化了这一对立的地位,对他而言,一个信念重要的不是真理还是谎言,而是诚实还是虚伪。既然都是说谎,承不承认自己说谎就成为关键性区分。艺术是第一种做到了诚实的谎言。艺术家把他创造出的世界当作幻想来思索,由于该世界是幻想他也就不带有该世界中的冲动,可以对之进行纯粹无利害的沉思。尼采毕生追求理智的诚实,他认为真正的哲学家应效仿艺术家,对这个充满谎言的现实世界进行无利害的静观。哲学家只有先做到诚实,承认一切人类世界是由谎言组成的,结束创建体系本能冲动,在此之上才能开始真正的沉思。他认为,哲学家的任务并非被限定在"真假"的对立中,哲学家努力的方向既非揭示事物本身,也非建造精美绝伦的理论大厦,而是做到不欺骗。《真理和谎言之非道德论》通过论述纯粹真理之不可认识,以及形而上学是一种欺骗,不符合哲学需要的诚实,彻底切断了形而上学的所有可能。尼采在此表达的主要思想可以概括为,谎言冲动是人类的根本冲动,真理是不可认识的,生活是由谎言构成的;哲学家要做的就是诚实地承认上述事实,而不是伪造各种形而上学的知识大厦。《真理和谎言之非道德论》告诉我们,人类并不拥有唯一的真理,人类拥有"诸种真理",它们只是诸种隐喻不断推延的结果,人们相信自己能够认识的东西都只在他的认识中,并且无法再拿他的这种认识和被认识之物相比较来检验两者是否一致。人无法超出认识,无法对事物发表意见,每个人的大脑、意识和记忆都对他称之为知识的东西进行了某种方式的加工。人为了把生活或他在生活当中的指向弄得简单些,就设定了一个绝对真实的实在。

尼采对真理问题的著名阐述还有《偶像的黄昏》,在"'真实的世界'最终如何变成了寓言——一个错误的历史"中,尼采同样认为,"真实的世界"现在已是虚构的寓言故事,真理只是人类为了生存的需要进行的一种发明,我们不拥有"真理"。在《善恶的彼岸》的第1节"求真意志"中,尼采也论及了真理问题:"真理意志注定诱使我们做许多冒险事业,所有哲学家迄今都怀着敬意谈论过真理之中的那无人知晓的真实性,又有什么问题是它没有向我们提出过! 提出的是些多么叫人觉得奇怪、令人困惑、成问题的问题! 说来话长,然而又似乎还没有开始。如果我们变得不再轻信,失去耐心,不再烦地躲开,那有什么奇怪? 不正是这个斯芬克斯最终教会了我们自己提出问题吗? 究竟是谁在这里向我们提出问题? 我们内心的这个'真理意志'究竟是什么? 的确,我们曾长久地停下来思考这种意志来自何处——以致我们最终一动也不动地伫立在一更为根本的问题面前,我们质询这种意志的价值。假定我们需要真理,那为何不需要虚妄? 不需要不确定性? 甚至无知呢? 真理的价值问题自然而然地呈现在我们面前——抑或是我们自己站到了这一问题面前? 在这里,哪一方是俄狄浦斯? 哪一方是斯芬克斯? 这似乎是一大堆问题,一大堆问号。怎能让人相信,这问题以前从未有人提出过,似乎是我们第一次察觉到了它,瞥见到了它,大着胆子提出了它。因为提出它是有危险的,或许没有比这更大的危险。"①我们在各种视角中将生活简化以便足够确定地掌握局势,为了生活目的而简化关键就在于一种公式化的艺术,我们思考的世界被削减成了表面,为的是能够充分控制住那些朝我们涌来的不可穷尽的不确定性。但这实际上根本无关真理,而只涉及一种可处理性,为了把世界削减成可估算的表面,人们在其中构建起一个思考和行为的公式,凡是不能应用于这个公式的事物一概都被忽略,人们选择隐没它们,不将其纳入考虑范围。这样一来,人们就对这些事物一无所知,但同时却又察觉到,它们在任何时刻都可能是不容忽视的,人们就这样制造出了幻象,并与这个幻象打交道。在我们的生活指向中始终包含着这样的非真理与不确定性。借助这种完全日常化的简

---

① 尼采.善恶的彼岸[M].朱泱译.团结出版社,2001:1-2。

化艺术,人们便在虚无主义之中为自己确定了方向。

　　在这种情况下,尼采排除了唯一真理观而提出了诸种真理观,即他所说的"视角主义"(Perspektivismus)。在《快乐的科学》第 354 节"论'人类的保护意识'"中,尼采对人类意识作出细致入微的分析,"我以为,意识的敏锐和强度总是与人(或动物)的沟通能力成正比,而沟通能力又与沟通需要成正比。沟通需要不应作如下理解:似乎一个人擅长把自己的需要告知他人、并使他人理解,他就因此必须依赖他人了。我以为,哪里长久存在迫使人们彼此倾诉、彼此尽快而精确理解的需要,哪里就存在过剩的沟通能力和技巧,仿佛是一笔慢慢聚敛的财富,正等待一个继承人对它恣意挥霍一般,所有的民族及其世世代代莫不如此。(所谓的艺术家就是这种继承人,演说家、布道者、作家也是,还有一代代'晚辈',这个词的含义无异于,其本性就是挥霍者。)/假如这一观察是正确的,那么我就再作如下猜度:意识只是在沟通需要的压力下才产生的,在人与人之间(尤其在发布命令者和服从命令者之间),意识从来就是必需的,有用的,也只是与这个'功利'相关才产生的。意识原本只是人与人之间的联系网络,也只是作为联系网络才必须发展。隐士和猛兽一样的人不需要它。我们的行为、思想、情感及内心活动进入自己的意识——至少一部分进入意识——这是那种可怕的、长期控制人的'必须'所造成的结果:犹如一头受威胁的动物,人需要帮助和保护,需要气质相投的友伴,需要善于表达他的危难,让别人理解自己,凡此种种,他必须先有'意识',也就是要'知道'自己缺少什么,思考什么,要'知道'自己的情绪。/我再重复一遍,人如同每一种动物,总在不断地思考,但它对此并不自觉。变为自觉思考只是思考中最小的一部分,也可以说是最表面、最简单的一部分,因为有意识的思考是用语言、即用沟通符号进行的,由此而提示了意识的起源。简言之,语言的发展和意识的发展(不是理性的发展,仅是理性的自我意识的发展)是携手并进的。需要补充说明的是,人与人之间,不仅语言,而且眼神、表情或紧迫之事,均可作为沟通的桥梁。我们逐渐意识到自己的感官印象,将这印象固定并表达出来的力量增强了,这力量便是一种要通过符号把感官印象传达给他人的强迫。/发明沟通符号的人也是自我意识越来越强的人,人作为社会的群居动物,才学会意识到自己,他一直是这样做的,而且越来越自觉了。人们可以看出我的观点:意识本不属于人的个体生存的范畴,而是属于他的群体习性;由此推断,意识只是由于群体的功利才得以敏锐地发展;所以,尽管我们每个人的最佳意愿是尽可能作为独特个体看待自己,'了解自己',然而,把他带进意识的,恰恰不是他的独特个体,而是他的'群体';我们的思想本身一直被意识的特点、即被意识中发号施令的'群体保护意识'所战胜,进而被改编,倒退为群体的观点。/从根本上说,我们的行为是无可比拟的个性化的,独特的,这毫无疑问;然而,一旦我们把自己的行为改编进入意识,它们就立即面目全非了……依照我对本原的现象论和主观视角论的理解,动物意识的本质所造成的结果是:我们可以意识到的这个世界只是一个表面世界、符号世界、一般化世界;一切被意识到的东西都是浅薄、愚蠢、一般化、符号、群体标识;与一切意识相联系的是大量而彻底的变质、虚假、肤浅和概括,故而,逐渐增强的意识其实是一种危险。谁生活在最具有意识的欧洲人中谁就知道,这意识实则为一种病态! 人们已经看出,欧洲人的意识不属于我在这里所论及的主观和客观的对象。这,还是留待那些仍然钻在文法(大众的形而上学)圈套里的认识论学者去判定吧。首先,欧洲人的意识不是'物自体'和现象的对象,因为我们远远没有'认识'到足以能下如此判断的程度。我们压根儿没有专门主司认识和'真实'的感官组织,我们所'知道'(或者相信,或者自以为是)的,恰恰是对群体利益有用的东西,而这里所说的'有用性',说到底也不过是一种信念和自以为是,说不定正是欲将置我们于死地的灾雄性的愚蠢呢"①。这就是我们所能达到的最大限度的"客观性"。尼采在《论道德的谱系》第三篇第 12 节中认为,"就让我们,我的哲学家先生们,让我们从现在开始更好防备那套古老危险的概念,虚构,它设定了一种'纯粹、无意愿、无痛苦、无时间的认识主体',防备像'纯粹理性''绝对精神性''认识本身'这样一些矛盾性概念的触手:——这里被要求作思考的是一只全然不可思议的眼睛,一只绝对不应该有任何方向的眼睛,在它那里,那些行动性和阐释性的力量[观看要通过这些力量乃成为一个有所见之看(Etwas-Sehen)]应该被抑止,应该缺失,也就是说,这里要求的总是一只悖识和谬理的眼睛。只有一种透视式的观看,只有一种透视式的'认识';而如果我们在某件事情上让更多情绪诉诸言表,如果我们知道让更多眼睛、有差异的眼睛向这件事情打开,那么,我们对这件事情的'概念'我们的'客观性'就会变得更加完整。而竟把意志从根本上排除掉,把情绪一律全部悬置起来,即便假定我们能够做到:难道这不叫做对知性的阉割么?……"②视角和视角之间无法真正相互看清彼此,而只能相互阐释。世界对我们来说是无穷无尽的,在它之中包含着无穷无尽的阐释可能。在《快乐的科学》第五卷第 373 节中说道:"你们以为对世界的解释只有一种是正确的,你们也是以这种解释指导科学研究的,而这解释仅仅依靠计数、计算、称重、观察和触摸啊,这种方式即使不叫它是思想病态和愚蠢,那也是太笨拙和天真了。那么,相反的方法是否可行呢?即首先理解存在的最表面和最外部的东西,即它的表象、皮肤、可感觉的肌肤,或者仅仅领悟这些东西?看来,诸君所理解的所谓'科学地'解释世界实在愚不可及,荒诞不经。我们把这话讲给那些机械论

① 尼采. 快乐的科学[M]. 黄明嘉译. 华东师范大学出版社,2007:343-345。
② 尼采. 论道德的谱系[M]. 赵千帆译. 商务印书馆,2016:138-139。

者听,这些人当今非常乐意与哲人为伍,而且误以为机械论是关于一切规律的学问,一切存在均建立在这些规律的基础上。然而,本质机械的世界也必然是本质荒谬的世界。/假定人们衡量音乐的价值,是根据从它那儿算出了多少数字,多少可以用公式来套,那么,对音乐进行如是'科学'的评价是何等荒谬啊!那样做究竟对音乐领悟、理解和认识了什么呢?什么也没有!……"①它意图用自己的世界阐释剥除此在的多义性。由此,科学只是走向了此在最表面、最外在的层面,这种简化只涉及事先被定义的符号,因而只有事先被定义的东西可供理解,当然,这并不意味着尼采降低了他对于科学本身的高度评价。

从以上我们可以看出,在《真理和谎言之非道德论》中尼采批判了概念的牢固性,在《善恶的彼岸》中尼采质疑以区分形式表达的对立,在《快乐的科学》中尼采论证了所谓的真理只是人们生存的手段和工具。人们会不断地信仰新的真理,并且会将其传遍世界各个角落,在日常生活指向中,人们会对它习以为常,固守它并反对任何改变。人们会遵循那个走在前面且能够走在前面的"自我"所指出的方向。如果人们在生活指向的迷失中无法凭借自己找到其他出路,也无法看到任何有希望的行动和生活的可能性的话,那么走在前面的告知对他们而言就代表着"真理"。然后他们会在他纯粹个人的证词的基础上毫无其他根据地将他的道路接受为真的。人们必须要有更多的信任,对各种生活系统的信任,只有这样我们的生活才有可能。人们在其中需要辨别方向的情况越复杂,在生活中能看清的关联越少,他们就越需要像信赖真理一样去信赖那些可信的方向。在这种意义上哲学家也会变成"发号施令者和立法者"。柏拉图和亚里士多德创造了一些意义

---

① 尼采.快乐的科学[M].黄明嘉译.华东师范大学出版社,2007:382-383。

构造,"因为过去人们称谎言为真理"①。"当我们以一个数学公式来表示事件之际,某物被认识了——此乃幻想:它只是被标示、被描述了,此外无他!"②"最大的谎言乃是关于认识的谎言。人们想知道自在之物具有何种性质:可是看啊,根本就没有什么自在之物! 甚至,假如有一种自在、一个无条件之物,那么,它恰恰因此不可能被认识! 某个无条件之物是不能被认识的……其次,因为与任何人都毫不相干的东西根本就不存在,所以也就根本不能被认识。——认识意味着'为某个东西而受条件限制':感到自己受条件限制,并且在我们之间——也就是说,认识无论如何都是一种对条件的确定、标示和意识(而不是一种对本质、事物、'自在'的探究)。"③从《悲剧的诞生》对以苏格拉底为首的科学乐观主义的批判,到《权力意志》揭示西方科学的柏拉图主义基础,尼采一直在致力于对真理的"去幻象化","不是'认识',而是图式化——强加给混沌以如此之多的规律性和形式,以满足我们的实践需要"④。海德格尔对此作了深入探讨,即人类的实践需要引发出某种视角—境域分析,认识是一个图式化的过程,是在特定境域中所进行的一种生命活动,即以特定视角对作为"混沌"的世界整体的表象活动⑤。因此,在认识问题上,海德格尔将尼采纳入了现象学轨道上。在此意义上二者存在着很大的一致性:人类并不拥有某个终极确定形态的真理,从而打开了新的真理域;真理的场所不是判断,而在此在对存在的追问中,真理被再存在论化;只有视角化的真理,真理在存在自身的澄明中显露出来。通过对尼采真理观的初步理解,我们看到,海德格尔实际上对尼采真理观进行

---

① 尼采.看哪这人[M].张念东、凌素心译.中央编译出版社,2000:103。
② 尼采.权力意志[M].孙周兴译.商务印书馆,2007:125。
③ 尼采.权力意志[M].孙周兴译.商务印书馆,2007:167。
④ 尼采.权力意志[M].孙周兴译.商务印书馆,2007:1068。
⑤ 海德格尔.尼采[M].孙周兴译.商务印书馆,2002:576。

了形而上学化的处理。当跳出海德格尔的解释框架时,我们会发现,二者的真理观具有很大的相似性。

第四节　海德格尔对真理的"再存在论化"

从发展历程来看,海德格尔对真理的"再存在论化"经历了由"此在之真理"到"存在之真理"的过渡,即由借助此在间接论及存在过渡到不借助存在者而直接论及存在之命运。海德格尔前期真理是此在生存论诸环节之敞开,中后期则是存在之澄明。正如海德格尔在《关于人道主义书信》所言,《论真理的本质》是由"存在与时间"至"时间与存在"的一种尝试①。该文从一个此前从未提及的视角即由存在之被遗忘状态来论述。前期从生存论—存在论角度探讨存在,将此在作为追问存在的指引。此在的本质是生存,此在之"展开状态"(Erschlossenheit)既显示此在自身又揭示着其他存在者,而在中期转向以后,此在作为存在的看护者才获得生存,即存在作为澄明的敞开域转让给人,这体现了他后期的真理观②。这样,"此在"(Dasein)之"此"(Da)便由"此在之在世"转换为"敞开域之敞开状态"③。此在之生存(Eksistenz)便不再显现为烦之意义,而是进入存在之去蔽的展开中。海德格尔由此在之真理转向存在之真理,前期真理观体现为此在生存论诸环节的展开,后期真理观则演变为存在之澄明。

---

① 海德格尔.路标[M].孙周兴译.商务印书馆,2000:385。
② 海德格尔.海德格尔选集[M].孙周兴等译.上海三联书店,1996:652。
③ 海德格尔.路标[M].孙周兴译.商务印书馆,2000:218。

　　有学者认为《存在与时间》源于对亚里士多德的阐释①。无论两者之间的理论渊源多么紧密，但有一点应该是根本不同的，即海德格尔以"此在"通达"存在"的做法从根本上代替了亚里士多德以实体范畴通达"存在"的做法，这也意味着对存在本身的研究代替了对存在者的研究。而在海德格尔那里，此在之本质是生存，即此在通过生存论诸环节既呈现自身也揭示着其他世内存在者，由此展现出了新的真理视域。海德格尔认为，传统真理观都是"符合论"，均未切中真理之要害。在古希腊，真理的处所是命题，即判断与对象的一致，而这两点均源于亚里士多德，他开启了以主观符合客观的方式来看待真理的先例②；在中世纪主客体的符合最终由上帝来裁决；在近代康德虽然通过"哥白尼革命"实现了由知识符合对象到对象符合知识的转变，但仍未逃脱符合论的窠臼。海德格尔认为，以上传统真理观的根本错误在于一种"略过"，即略过了此在之生存论这一根本的原初现象，而直接进入了次级的认识领域，因为命题中所认识的存在者都已经是此在绽出之生存所揭示的"作为之物"。"证明涉及的不是认识和对象的符合，更不是心理的东西同物理的东西的符合，然而也不是'意识内容'相互之间的符合。证明涉及的只是存在者本身的被揭示的存在，只是那个'如何'被揭示的存在者。被揭示状态的证明在于：命题之所云，即存在者本身，作为同一个东西显示出来。证明意味着：存在者在自我同一性中显示。证明是依据存在者的显示进行的。这种情况之所以可能，只因为说出命题并自我证明着的认识活动就其存在论意义而言乃是有所揭示地向着实在的存在者

---

　　①　国外学者请参见：Walter A. Brogan. *Heidegger and Aristotle — the Two Foldness of Being*, State University of New York Press, 2005, pp. 4-6. 国内学者请参见：朱清华. 回到源初的生存现象——海德格尔前期对亚里士多德的存在论诠释[M]. 首都师范大学出版社，2009。

　　②　海德格尔. 路标[M]. 孙周兴译. 商务印书馆，2000：246-247。

本身的存在。"①命题的真只在于如其本然地揭示存在者，而存在者总是于此在之"在世"中得以显现。真理问题之澄清有待于在此在之生存中去揭示。这样，海德格尔便将真理问题置入生存论—存在论的视野。

海德格尔将符合式真理的问题纳入了生存论—存在论的视野。此在寓于世内存在者之中而表现为一种沉沦状态，此在在交流中将自身带入存在者揭示状态中。由此，命题的揭示状态与现成存在者建立了适当联系。"陈述一旦道出，存在者的被揭示状态就进入了世内存在者的存在方式。而只要在这一被揭示状态（作为某某东西的揭示状态）中贯彻着一种同现成东西的联系，那么，揭示状态（真理）本身也就成为现成东西（intellectus 和 res）之间的一种现成关系。"②这样，真理与世内存在者均作为现成之物照面，这种存在者与命题之间的联系就构成了传统"符合论"真理观的生存论根源。"并非命题是真理的本来'处所'；相反，命题作为占有揭示状态的方式，作为在世的方式，倒是基于此在的揭示活动或其展开状态。最源始的'真理'是命题的'处所'。命题可能是真的或假的（揭示着的或蒙蔽着的）；最源始的'真理'即是这种可能性的存在论条件。"③但一切命题真理均系于此在之生存并不意味着真理的主观性，"若把'主观的'阐释为'任主体之意的'，那真理当然不是主观的。因为就揭示活动的最本己的意义而言，它是把道出命题这回事从'主观'的任意那里取走，而把进行揭示的此在带到存在者本身前面来。只因为'真理'作为揭示乃是此

---

① 海德格尔.存在与时间[M].陈嘉映、王庆节译.生活·读书·新知三联书店，1999:250-251。

② 海德格尔.存在与时间[M].陈嘉映、王庆节译.生活·读书·新知三联书店，1999:258。

③ 海德格尔.存在与时间[M].陈嘉映、王庆节译.生活·读书·新知三联书店，1999:260。

在的一种存在方式,才可能把真理从此在的任意那里取走。真理的'普遍有效性'也仅仅植根于此在能够揭示和开放自在的存在者。只有这样,这个自在的存在者才能把关于它的一切可能命题亦即关于它的一切可能展示系于一处"①。由此我们看到了两种真理观,存在者意义上的真理与生存论—存在论意义上的真理,并且前者必然以后者为前提。"'此在存在于真理中'这句话并不是说,此在拥有一切真理,而是说,此在由于自身的展开状态(包括被揭示状态)而能够进行'揭示活动'。只有此在才能揭示,亦即使存在者成为可通达的,才能探讨存在者、解释存在者、塑造存在者等等,因为只有此在才能在敞开意义上与自己发生关系。"②换言之,真理是为此在生存之故而存在之物。在这里我们看到了海德格尔与尼采对真理问题理解的相似性,因为尼采将真理视为实现强力意志的工具,是生命的必要价值,也是为生存之故而存在的东西。

　　《存在与时间》只是走在通向真理的途中,它通过绽出之生存思考存在之真理,此在之展开状态既显示自身也揭示其他世内存在者,源初的真理即是此在之展开状态。而在《论真理的本质》这一具有转向意义的文本中,此在演变为存在的守护者,真理是无蔽与遮蔽的澄明,此在以"泰然任之"态度应合存在的天命。《论真理的本质》探讨了"符合的内在可能性",它不是主体的表象与物理的东西的符合,而是命题所意指的东西与物自身的符合,这种符合必须有一个前提——物的显现。唯有所意指的东西与被知觉到了的物之间的符合都指涉到了一个显示着的物,只有这个物显示出来了,二者的符合才是可能的。海德格尔认为一个物要

　　①　海德格尔.存在与时间[M].陈嘉映、王庆节译.生活·读书·新知三联书店,1999:261。

　　②　比梅尔.海德格尔[M].刘鑫、刘英译.商务印书馆,1996:68。

能显示出来,它必须横贯于一个敞开的对立领域中,同时,该物又必须保持为一物并且显示为一个持留的东西。即首先必须有物立于敞开域中并显示出来,所有针对着这个显示之物的行为才可能获得保证,包括知觉活动、观念活动、心理活动等。陈述与物的符合得以实现就必须保持于敞开域中并维系于某个可敞开者。"如此这般的可敞开者,而且只有在这种严格意义上的可敞开者,在早先的西方思想中被经验为'在场者'(das Anwesende),并且长期以来就被称为'存在者'。"①即"符合关系"必须追溯到比表象性思维更为原始的敞开域与可敞开者之间的关系上去,不是谈论被表象物,而是谈论那个持留于敞开域之中的东西——在场者,这个在场者有着比表象性思维更为原始的表达式。

因此,事关真理的乃是敞开域之敞开,人的行为唯有作为朝向敞开域的可敞开者,真理之发生才是可能的。这样,海德格尔就把真理问题转移到了原初的"自由"上来,即真理的本质是自由。"海德格尔所说的自由是在行为之敞开域被敞开的东西中保持的自由。因此,在作为关联的敞开域中,该特性就是指令自身朝向那个给出指令的东西。唯当一个东西是敞开的或者在被那个敞开的东西所维系的意义上是自由的,给出一个指令才是可能的。相反,不得不这样说,对一个事物来说,如果想指出它的显露方式,那么它就必须被靠近、被让予自由、如其本然地被论及。"②作为符合式真理的自由之基础是对处于敞开域中敞开者保持的自由,该自由让敞开域中的物保持敞开而显示出来,这就是使物成其所是,也就是"让存在者存在"。"让存在——即让存在者成其所是——意味着:参与到敞开域及其敞开状态中,每个仿佛与

---

① 海德格尔. 路标[M]. 孙周兴译. 商务印书馆,2000:213。

② James Risser. *Heidegger toward the Turn-Essays on the Work of the 1930s*, State University of New York Press, 1999, p. 39.

之俱来的存在者就置身于这种敞开状态中。西方思想开端时就把这一敞开域把握为 τααληθεα，即无蔽者……深入到存在者之被解蔽状态和解蔽过程的那个尚未被把握的东西那里。"①"让存在者存在"根本上来说是要求人参与到存在者之被解蔽状态中，表现为一种在存在者面前的回撤，以便这种存在者能够以如其所是的方式公开自身，这种让存在向存在者展开自身、把一切都置入敞开域中就是自由。"非真理必然源出于真理的本质。只是因为真理和非真理在本质上并不是互不相干的，而是共属一体的，一个真实的命题才能够成为一个相应地非真实的命题的对立面。于是乎，真理之本质的问题才达到了问之所问的源始领域之中，其时，基于对真理的全部本质的先行洞识，这个问题也已经把对于非真理之沉思摄入本质揭示中了。"②

从以上论述可以看到，《论真理的本质》是从作为正确性的真理的符合去寻求"内在的符合"，由此进入对于敞开域之敞开和绽出的自由的讨论，再从绽出的自由那里去说明作为遮蔽和迷误的"非真理"的源初性。施皮格伯格从海德格尔的这个探讨路向中关注到这样的问题：此处对"存在"的谈论，不是用"存在是"（Sein ist）的表达法，而是用"有存在"（es gibt）这种表达方式。这说明，唯当有人存在，也就是有"存在之领会"这种存在论上的可能性的时候，才会"有"存在。这里，必须把人这种此在看作是"林中空地"，存在才转交给人。他进一步认为，Dasein 这种表达中，"Da"不再像《存在与时间》中的情形那样去指称处于与世界的关系中的人的存在，而是表示处于与存在的东西，也就是某种人类可以进入其中的关系中的存在③。

---

①　海德格尔. 路标[M]. 孙周兴译. 商务印书馆，2000：217。
②　海德格尔. 路标[M]. 孙周兴译. 商务印书馆，2000：220。
③　赫伯特·施皮格伯格. 现象学运动[M]. 王炳文、张金言译. 商务印书馆，1995：524。

　　以《论真理的本质》为里程碑,海德格尔在存在问题上实现了某种转向,亦即人这种此在并不像《存在与时间》那样特别地作为通向存在问题的主导通道——"存在"离不开人;人在这里更多地只是听令于存在之天命的聆听者,他必须入于这种聆听。"很早时候起,海德格尔就被一种存在经验击中了,该存在作为涌现(physis)、在场性(Anwesenheit)、无蔽(aletheia)、本有(Ereignis)来出现。不过,按照海德格尔的观点,这种经验是那种特别地把自身提供给人、甚至是离不开人的经验,因为若是没有人这种敞开方式,存在的闪现就不会发生。不过,人并不能掌控这种闪现。人只是在此,人归属于这种闪现,因为它自身乃是在在场的敞开域中的一个突然的出现物、一种永无止息的揭示。"[1]这里我们清楚地看到,Anwesenheit、Ereignis、aletheia、physis 是海德格尔中后期论及"存在"的主导词,而此在只是存在天命的守护者。在《存在与时间》中,此在通过生存论诸环节呈现自身并显示其他存在者,这明显有一种将真理主观化的危险。而在《论真理的本质》中则不是通过此在追问存在。真理的敞开与遮蔽不系于此在之生存,而系于存在既遮蔽又去蔽的澄明。于是在海德格尔那里,由"此在之真理"过渡到"存在之真理",从借助此在说及存在到不顾存在者而直接说出存在。这表面看来是从此在之真理到存在之真理,实质上则是从间接述及存在到直接说及存在的命运。Gregory Bruce Smith 将西方各时代的命运归纳为以下五个阶段:以 physis(作为遮蔽/无蔽)之揭示为基础的前苏格拉底命运;希腊的(以柏拉图为基准)生成的形而上学所呈送的命运;萦绕着把存在改变为存在者(可以理解为基督教哲学的本体论神学)的命运;主体的客观化表象的命运;集置的命运。他认为这些命运总

---

[1]　Richard Polt. *Heidegger's Being and Time — Critical Essays*, Rowman & Little field Publisher, INC. 2005, p. 26.

是以遮蔽着的、背景化的方式规定着它们的时代。我们永远不能让自身立于它们之外，我们只能自由地处身于它们之中并把遮蔽的东西部分地带入无蔽①。通过以上论述，我们清楚地看到，无论尼采对传统真理的"去幻象化"还是海德格尔对传统真理的"再存在论化"，他们都反对传统认识论意义上的真理观，认为它们只是为了满足生存需要而制定出来的具有次级意义的真理系统，并不具有始源意义。

---

① Gregory Bruce Smith. *Martin Heidegger*：*Paths Taken*，*Paths Opened*，Rowman Little field Publishers，2007，p. 172.

下篇　理论评析

第六章　归依与反叛:海德格尔政治介入前后对尼采的双重理解

　　作为一篇研究海德格尔尼采解释的作品,两位哲学家与国家社会主义的关系自然是一个绕不过去的主题①。本章以海德格尔政治介入前后对尼采的不同理解为切入点对这一主题展开论述。

　　在海德格尔研究中,有的学者认为,如果对他的作品不提出一些政治问题,那么对他的解读就会一无所获。此话可能有些言过其实。不过在谈及海德格尔、政治介入与尼采三者之间的关系时,却必须要有一个政治维度。具体来说,海德格尔的哲学与政治介入之间具有一种内在固有的契合性与一致性:他的生存论哲学促使其以大学校长身份加入国家社会主义运动,而这种哲学又

---

　　①　关于尼采、海德格尔、国家社会主义三者的关系,请参看:Otto Pöggler, *Philosophie und Nationalsoialismus-am Beispeil Heideggers*, Opladen: Westdeutscher Verlag,1990; *Heidegger, Nietzsche, and Politics, in the Heidegger Case: on Philosophy and Politics*, Tom Rockmore and Joseph Margolis ed., Philadelphia: Temple University Press, 1992; George Leamann, *Heidegger im Kontext*. Hamburg: Das Argument, 1993; Hans Sluga, *Heidegger's Crisis: Philosophy and Politics in Nazi Germany*, Cambridge: Harvard University Press, 1993。

深受尼采影响；政治介入失败后，海德格尔的尼采讲座是对尼采的重新定位，这种定位可以视为对其前期尼采理解的一种强烈反击。因此，海德格尔前后期讲授尼采的不对称性掩盖了这样一个事实：尼采对海德格尔的深刻影响早在政治介入之前，而30年代后期海德格尔的尼采讲座则是对尼采哲学的反戈一击。这一时期的尼采讲座承载着双重使命，一方面是对尼采哲学的批判、反思与重新定位，另一方面则是用尼采哲学开辟属于自己的思想之路。而海德格尔对尼采理解之迥异的支点便是他政治介入这一事件。

海德格尔像任何一位普通德国公民一样，对当时德国的不平等条约、政治混乱、经济萧条、民主无力等现状深感失望，进而产生对国家社会主义的希望。但作为一位追寻存在意义的生存论哲学家，他更想为这一政治巨变寻找哲学根据，为他的政治介入寻找观念动力。所以，海德格尔的政治介入绝非偶然，在他的哲学思想与政治抉择之间具有一种隐秘的亲和力。因此，他的政治介入就不单单是出于一种情感动机或外在因素影响，而是植根于他的哲学精神之中。因此，我们必须对海德格尔的政治介入作一种内在的哲学分析，而这种哲学分析又与尼采密切相关。

第一节　海德格尔哲学转向的双重维度

当我们谈论海德格尔的哲学转向时，往往单纯从他反对前期主体形而上学的角度来理解"转向"。但从其政治介入的视角看，海德格尔哲学转向既具有内在的哲学维度，又具有外在的政治、历史维度。具体来说，它既是为了克服此在的主体形而上学，又是为了在哲学上对他政治介入的失败做一种批判性反思：剔除前期尼采的影响，抛弃对其的错误判断，重新对尼采加以定位，开辟自己的思想道路。因此,后期海德格尔的存在历史之思在一定程度上受外在历史事件的影响,具有强大的历史支撑点。所以,我们必须联系海德格尔的政治介入来理解他的思想转向。"海德格尔的行为完全是他的哲学理论的推演和扩展。……这次事件对海德格尔的影响巨大,以至于他完全改变了他在《存在与时间》一书中所开创的哲学活动的方向,这就是现代西方哲学史上著名的所谓海德格尔哲学的'转向',自此,出现了海德格尔的后期哲学。"①这一点从海德格尔对尼采强力意志哲学的态度转变即可一目了然:后期海德格尔对尼采强力意志哲学的批判与他力图避免人类学嫌疑并提出存在历史之思具有某种内在联系,我们可以将他对尼采主体性哲学的批判看作是对自己此在哲学的批判。但如果不考虑海德格尔政治介入这一事实就无法理解他对待尼采哲学立场的强烈反差。在政治介入之前,海德格尔以一种与尼采哲学精神别无二致的方式将尼采理解为传统形而上学的颠覆者与破坏者,认为尼采的超人哲学蕴含着克服欧洲虚无主义的伟大理想。海德格尔自认为是尼采所倡导的积极虚无主义者,他现在所要做的就是用强力、斗争、意志等尼采的英雄主义价值观给现存的种种腐朽价值规范以致命一击。而在政治介入失败后,海德格尔认为,以超人为典范的强力意志哲学不再是克服虚无主义的良方,而恰恰是虚无主义的最终表达与完满实现。尼采哲学是柏拉图主义的顶峰,是西方形而上学的完成;尼采是最后一个柏拉图主义者,最后一位形而上学家。"我们必须把尼采哲学把握为主体性的形而上学。……尼采的形而上学,以及与之相随的'古典虚无主义'的本质基础,现在就可以更清晰地界定为强力意志

---

　　①　王庆节.解释学、海德格尔与儒道今释[M].中国人民大学出版社,2009:77 - 78。

的无条件主体性的形而上学。"①尼采行走在笛卡尔以来的主体形而上学的轨道上,主体具有无所不能的强力,客体已然落入主体的完全掌控之中,"尼采的学说把一切存在之物及其存在方式都弄成'人的所有物和产物';这种学说只是完成了对笛卡尔那个学说的极端展开,而根据笛卡尔的学说,所有真理都被回置到人类主体的自身确信的基础之上"②。当我们阐述海德格尔对尼采的不同理解时必须强调他政治介入这一历史情境,它恰似一个跷跷板:支点便是海德格尔政治介入这一事实,由此才有了尼采在其两端不同的高低地位。政治介入的失败在很大程度上关系到海德格尔 30 年代后期讲座中的尼采形象。

海德格尔对尼采哲学理解的变化最鲜明地体现在他对荣格尔思想的态度上。在政治介入之前与政治介入期间,海德格尔坚信,荣格尔的《总动员》与《工人》是特定历史条件下对尼采思想的最忠实刻画。"总动员"是对现代社会军事化的形象描述,这个社会不仅拥有战斗大军,而且还有商业大军、生产大军,以及普通的劳动大军等,总之,军事化的模式扩展到整个社会。"工人"则是使"总动员"的社会类型能够运转起来的新人类,它被要求工作的彻底组织化。在这个社会中,工人即是士兵,士兵即是工人,战争与和平的界限被抹平了,和平即是为了准备下一次战争。这一切都是为一种新型国家做准备,它足以对抗资本主义的虚无状态。海德格尔认为,荣格尔对总动员与工人社会的强调、对现代资产阶级种种价值规范的批判无疑预示了一个新时代的来临,德意志民族正要经历一场伟大的生存论变革。在《德国大学的自我主张》中,海德格尔极力强调他的三大服务纲领:即"劳动服务"、"知识服务"与"国防服务",大学应该是学生、士兵与工人三位一体的

---

① 海德格尔.尼采[M].孙周兴译.商务印书馆,2012:888。
② 海德格尔.尼采[M].孙周兴译.商务印书馆,2012:814。

结合体。这无疑具有荣格尔《工人》中所描述的工人与士兵相结合的社会模式的痕迹。海德格尔赞扬说："你的论文《工人》(1932)对一次大战后这段时期欧洲虚无主义作了精确的描述。它从你的论文《总动员》(1930)发展而来。《工人》可以归入(尼采所说的)'积极的虚无主义'之列。工作活动在于……这个事实，它使得所有实在的'总体的工作品格'在工人形象中清晰可见。"①而二人极力倡导的工人社会理想与尼采具有很大的一致性。尼采认为，工人应该是一个更优越的等级，像士兵一样，有军饷，但不是工资，他们无所欲求，强力是他们唯一的财产。但在政治介入失败后，海德格尔认为，国家社会主义运动不再是与现代社会的决裂，而是现代社会的彻底表达。荣格尔的思想并未克服形而上学，仍然是关于存在者的真理，仍然是一种存在的遗忘。但它又打着强力意志哲学的旗号，这种哲学穷尽了主体形而上学的全部可能性，所以，它在哲学上表现为形而上学的最终完成，在现实上则是虚无主义的完美表达。"人作为 animal rationale[理性的动物]，现在也即作为劳动的生物，必定迷失于使大地荒漠化的荒漠中，这一点可以成为一个标志，标明形而上学从存在本身而来自行发生，并且形而上学之克服作为存在之消隐而自行发生。因为劳动(参看恩斯特·荣格尔：《劳动者》1932)现在进入到那种形而上学的地位中，即那种对一切在求意志的意志中成其本质的在场者的无条件对象化过程的形而上学地位。"②从这段引文的"劳动的生物""荒漠""参看恩斯特·荣格尔：《劳动者》1932"与"求意志的意志"这些敏感词汇中，我们可以看出：荣格尔是作为尼采的同道人而被海德格尔所批判的。但海德格尔认为，荣格尔的工人

---

① 沃林.存在的政治——海德格尔的政治思想[M].周宪、王志宏译.商务印书馆,2000:233。

② 海德格尔.演讲与论文集[M].孙周兴译.生活·读书·新知三联书店,2005:69。

社会理想并不是徒劳无功,人类必然置之死地而后生,荣格尔的世界图像实现了这样一种历史境况:人类的技术狂热已然达到了它的顶点,大地已然变成任人宰割的荒芜的整体。但哪里有危险,哪里必然就有拯救。这预示了始于柏拉图的将存在者错当为存在的形而上学观以及现代意志形而上学思维方式的最终完成,存在之遗忘达到了极致,形而上学致命的自负暴露无遗,这恰恰为存在历史的本源之思开辟了道路。"在存在能够在其原初的真理中自行发生之前,存在必定作为意志脱颖而出,世界必定被迫倒塌,大地必定被迫进入荒漠化,人类必定被迫从事单纯的劳动。"①

第二节   政治介入前的尼采:形而上学颠覆者 与虚无主义反抗者

　　海德格尔前期的内在哲学气质与尼采具有很大的一致性。二者都看到了一个决断时刻的来临:尼采认为,以往价值都已贬黜,应重估一切价值;海德格尔基础存在论认为,以往哲学概念与真理都已失效,应重新追寻存在之意义。二者都看到了重建未来思想之必要:尼采认为,真正具有存在意义的是强力意志;海德格尔认为,真正存在的只有此在本真之生存。二者都试图返回到一种前理论化的生存经验之中:尼采认为,上帝已死,人要肯定现实的感性世界。海德格尔认为,此在就是要在—世界之中—存在。这种一致性不仅仅是二者偶然的巧合,而是尼采哲学在很大程度上影响海德格尔的有力证据,并且这种影响直至海德格尔的政治

---

　　①   海德格尔.演讲与论文集[M].孙周兴译.生活·读书·新知三联书店,2005:70。

介入呈现出越来越强烈的趋势。"使海德格尔提出存在问题并因而走向与西方形而上学相反的问题方向的真正先驱，既不能是狄尔泰，也不能是胡塞尔，最早只能是尼采。海德格尔可能在后来才意识到这一点。"①

当我们从政治介入的视角来理解海德格尔哲学时，我们不仅要把《存在与时间》看作一部关于基础存在论研究的哲学著作，也应该将其看作是一部试图摆脱当时各种危机的指点迷津之作。正如伽达默尔所说："它在某种程度上卓有成效地把新的精神带给了广大公众，这种新的精神作为第一次世界大战灾难的一个后果已席卷了整个哲学界。"②海德格尔的生存论哲学为他的政治介入提供了观念动力，他的政治介入又进一步在生存论上实践了这种理论可能性。《存在与时间》中的意志、决心、忠诚、处境等概念在政治介入期间倍受海德格尔青睐。既然摆脱常人状态需要此在先行的决心，那么，摆脱现实的人类困境，克服虚无主义，自然需要德意志民族此在的决心来实现，而国家社会主义运动则是实现这一决心的载体。这样，这场运动便解释为德意志民族集体此在的本真能在，而海德格尔的政治介入则是此在本真的历史性抉择。

"没有哪一位哲学家像尼采一样对海德格尔的思想发展产生如此深远的影响。正是在《存在与时间》出版以后，尼采才成为海德格尔的一个'决断'：但这种决断正是出于《存在与时间》中所表达的此在的生存论分析。"③在尼采哲学中，超人超越善恶，甚至它本身即是法律与道德的主宰者。而海德格尔认为，有决心的此在

① 伽达默尔.真理与方法[M].洪汉鼎译.上海译文出版社，1999:331。
② 伽达默尔.哲学解释学[M].夏镇平、宋建平译.上海译文出版社，2004:214。
③ Wolfgang Müller-lauter. *the Spirit of Revenge and the Eternal Recurrence：on Heidegger's Later Interpretation of Nietzsche*, trans. by R. J. Hollingdale, *Journal of Nietzsche Studies*. No. 4 (Autumn 1992/Spirit 1993), p. 127.

摒弃以往的一切价值规范与道德律令，从常人状态脱颖而出。尼采的超人与末人状态，在海德格尔那里演化为此在的本真状态与非本真状态。前者具有无比的优越性，代表了超脱、自治，蔑视传统道德规范，只有精英人物方可达到，后者则是大多数人的千篇一律状态。在现实政治中，超人与此在的本真状态则化身为领袖原则，而末人与此在的非本真状态则演变为大多数的追随者。二者都体现了对未来人类理想类型的召唤与对现代资本主义种种价值观念的蔑视：超人就是人的本真此在，就是"稀罕者"，就是英雄，而末人就是常人状态，就是资产阶级的利己、算计。海德格尔极力批判资本主义的种种价值规范，而这与国家社会主义的立场是一致的。与尼采一样，海德格尔反对资产阶级的民主政治，常人状态之下的民众平庸而无为，"在这种不触目而又不能定局的情况中，常人展开了他的真正独裁"①。他们进入本真状态而获得拯救的唯一希望就是精英人物的召唤，在尼采那里是超人，在海德格尔那里则是元首，"元首他本人，并且惟独他一人，才是当今与未来德国的现实性，也是其权威"②。

尼采的上帝死了表明，以往的一切价值都已失去了塑造历史的能力，应重估一切价值，他就此提出了自己的强力意志哲学。而海德格尔认为，德意志民族的本真此在的决断时刻即将来临，它将重塑新价值。而他的决断论可以看作是意志论的一种变式。决心暗含着意志选择的自由，它冲破常人状态，反对以往的价值规范，而这与尼采的英雄主义理想不谋而合。决心可以使此在与他人本真共在，这样，作为一个集体的德意志民族在决心状态下能够本真能在。"为同一事业而共同戮力，这是由各自掌

---

① 海德格尔. 存在与时间[M]. 陈嘉映、王庆节合译. 生活·读书·新知三联书店, 2006: 147。

② 维克托·法里亚斯. 海德格尔与纳粹主义[M]. 郑永慧等译. 时事出版社, 2000: 110。

握了自己的此在来规定的。这种本真的团结才可能做到实事求是，从而把他人的自由为他本身解放出来。"①从此在到共在的过渡预示了一个集体也可以在生存论上实现本真能在的可能。决心不仅是一个个体的选择，在天命的感召下，决心也同样可以是一个民族的选择。海德格尔本人的政治介入是个体本真能在在具体历史条件下的实现，而国家社会主义则是集体此在的本真状态，二者都可以看作是《存在与时间》中生存论构建的完满实现。

　　如果将海德格尔的政治介入与国家社会主义运动看作此在与集体共在的本真状态，那么，此在在克服常人状态过程中，由非本真状态过渡到其本真状态，这种过渡必须拥有具体意义的标准，因为只有此在将自己嵌入某种特定的历史情境之中，才不至于使此在的自我决断陷入空疏性与封闭性，使之在面对生存世界时具有确定的根据。这个标准就是海德格尔时间性下的"瞬间"与"历史性"概念。而这两个概念在尼采哲学中都有其原始痕迹。尼采的"瞬间"是此在的非常状态，是日常习惯的打破，是一种伟大的摆脱，惟有通过自我克服意义上的超越才能获得，它是真正的自由与绝对的自发自主性。在这种状态下，一切至高无上的超感性价值都已失去意义。海德格尔为克服常人状态下的流俗时间而强调瞬间，"这是由于人们接受内在的惊恐的眼下瞬间，它自身携带着各种秘密，而且赋予人生此在以它的伟大"②。瞬间才是此在面对具体的历史境况而展开其本真能在的机缘。海德格尔的"历史性"概念是"时间性"概念的变式。《存在与时间》的"历史学在此在历史性中的生存论源头"一节提到了尼采关于历史学的

---

① 海德格尔.存在与时间[M].陈嘉映、王庆节合译.生活·读书·新知三联书店,2006:142。

② 吕迪格尔·萨弗兰斯基.海德格尔传[M].靳希平译.商务印书馆,1999:239。

观点。海德格尔赞许地说:"从他的《考察》的开端处就可推知他领会的比他昭示出来的更多。"①此在之本质即是历史性地生存:此在不仅是作为具有传统特征的存在者而在世,此在更应是在特定历史情境下具有自我选择与筹划能力的一种能在。在历史性名义下,海德格尔讨论了遗业、命运、天命、重演、英雄榜样等概念,而这些概念都可以看作海德格尔政治介入的观念动力。

　　"在《存在与时间》出版后的几年里尼采对海德格尔来说已经具有决定意义了。"②在这一时期的著作中,海德格尔将"此在(Dasein)"故意写成了"此之在(Da-sein)",意指在此的是存在本身,而不是时刻操心的此在。同时,代之以"此在"概念的是更具原始意义的"作品"概念。"作品"在海德格尔那里具有更为宽泛的意义,它包括思想作品、艺术作品与国家作品,它们都是真理的原始发生方式。作品是此在与存在沟通的媒介,相聚的舞台。作品可以建立一个世界,开启一个世界,在其中伟大之事件得以发生,存在之真理得以显现。海德格尔开始极力削弱此在的地位,此在已不再扮演追寻存在之意义的重要角色,作品则成为存在者与存在照面的重要场所,此在只是一个看护者。"正是在伟大的艺术中(我们在此只谈论这种艺术),艺术家与作品相比才是某种无关紧要的东西,他就像一条为了作品的产生而在创作中自我消亡的通道。"③海德格尔特别强调艺术作品与国家作品的作用。他认为,整个现代艺术既没有与特定民族的历史相联系,也不与存在之真理相关,所以应该摒弃。这与尼采将现代艺术比喻为沼泽

　　①　海德格尔.存在与时间[M].陈嘉映、王庆节合译.生活·读书·新知三联书店,2006:447-448。

　　②　Otto Pöggeler. *Martin Heidegger's Path of Thinking*, trans. by Daniel Magurshak and Sigmund Barber, Atlantic Highlands, NJ: Humanities Press International, Inc., 1990, p. 83.

　　③　海德格尔.林中路[M].孙周兴译.上海译文出版社,2012:26。

地里呱呱叫的绝望的青蛙观点是一致的,它是精神颓废与虚无主义的表征。海德格尔关于荷尔德林诗的阐述表明,德意志民族此在的真理奠基于诗人。诗乃是奠定历史的基础,是德意志民族的声音。荷尔德林就像荷马开启希腊哲学的伟大开端一样,它开启了一个民族新的历史性命运,它是德意志民族本真生存的良心的呼唤。"这种基本情调,也就是一个民族此在的真理,起初是通过诗人奠基的。"①海德格尔也强调国家作品的始源性,"真理现身运作的另一种方式是建立国家的活动"②。它甚至是作为其他作品而存在的作品,国家作品是真理发生的根本方式。这样,海德格尔在德意志民族此在之天命的名义下,将国家作品凌驾于所有其他作品之上,使其具有无以复加的本体论优先性,从而论证了国家社会主义运动存在的合理性。由此构想出了由奠基者(哲学家、艺术家、诗人)、德意志民族与国家三者合为一体的国家理论。这种理论认为:现代民主政治是软弱无力的;德意志民族具有天生的自我优越性;元首对国家具有奠基作用;应该完全服从新的等级与权威。与此相应,个体此在的概念演变为民族共同体此在的概念,本真的生存论载体由具有个体意义的此在演变为具有集体意义的德意志民族。

尼采对海德格尔的影响在他就任大学校长这一事件上达到了顶峰。在他的就职演说中,海德格尔将《存在与时间》中的决心、忠诚、命运、本真性与历史性等诸范畴移植到当时的历史语境之中。"这篇演说将海德格尔的历史存在的哲学移植到德国局势之内,第一次给他意欲发挥影响力的意志找到了立足的基础,以使得存在范畴(die existenzialen Kategorien)形式性的轮廓,得到

---

① Heidegger. *Hölderlins Hymnen "Germanien" und "Der Rhein"*, GA 39, Frankfurt am Main: Vittorio Klostermann GmbH, 1980, s. 144.

② 海德格尔. 林中路[M]. 孙周兴译. 上海译文出版社,2012:49。

了一个决定性的内容。"①个体此在的本真状态演变为德意志民族集体此在的本真决断,国家社会主义运动则是一场克服常人状态的本真性政治运动,在这场运动中德意志民族作出的是一种生存论决断,为自己的未来选择一个本真的历史性方向,从而确定自己的生存论根据。在这场运动中,海德格尔看到了德国民族复兴的可能,看到了实现西方历史天命的途径。此在与民族、共同体紧密地联系起来,这种联系使有决心的此在在德意志民族特定的历史境况中实现自己的本真能在。现实的历史境况应验了尼采的预言,一切都已失去了意义,虚无主义时代已经到来。尼采的超人与强力意志思想是对欧洲千百年来萎靡人性与德国软弱的民主政治的一种拯救,只有德意志此在的本真能在方可克服欧洲虚无主义。在《存在与时间》中,此在可以本真地重演一种曾在的生存可能性,此在选择自己的英雄榜样。德意志民族正面临着本真意义上的生存论变革,它将重演古希腊城邦传统作为自己的英雄榜样,这个传统就是前苏格拉底时期的希腊贵族城邦统治,这里孕育了前苏格拉底哲学以及存在真理之思。"惟有在我们重新服从我们精神—历史性此在之开端的力量之时。这个开端就是希腊哲学的突然开启。……这个开端仍然存在。开端并非作为遥远的过去处在我们身后,而是站在我们的面前。……开端已经闯入我们的未来,它站在那里,遥遥地主宰我们,命令我们重新把握它的伟大。"②国家社会主义运动为海德格尔重新确立存在与人的关系提供了一种可能性。当然,它不是希腊城邦的民主传统,因为民主是造成希腊衰败的首要原因,民主即是《存在与时间》中的常人状态。他曾在《什么唤作思》中不无赞许地引用尼采的话:

①　卡尔·洛维特. 纳粹上台前后我的生活回忆[M]. 区立远译. 学林出版社,2008:44。

②　博雅编. 北大激进变革[C]. 吴增定、林国荣译. 华夏出版社,2003:219-220。

"民主是国家的一种衰败形式。"①像尼采一样，海德格尔自视为德国精英主义阶层，而不是民主制度下平庸无为的芸芸众生，他对整个资本主义种种价值观念诸如民主、平等、自由等一概拒绝。他在尼采积极虚无主义的呐喊中找到根据：现代社会的理性、自由、平等、宽容、创富等价值观念行将就木，我们所做的就是以斗争、强力意志的形式将其彻底击碎，重新建立起超人价值观。尼采区分了积极虚无主义与消极虚无主义。资本主义种种堕落价值观念就是"消极虚无主义"的生动体现，那些芸芸众生就是寄生在处于瓦解衰败中的西方传统价值观念中的消极虚无主义者。他认为，他的政治介入真正体现了尼采的"积极虚无主义"，给各种行将就木的腐朽价值规范以致命一击。他就是尼采所说的具备各种优秀性格特点的积极虚无主义者。在就职演说中，海德格尔提出了自己的理想社会纲领，即建立一个"劳动服务"、"知识服务"与"国防服务"三位一体的"总动员"社会。他希望未来政治属于一个人与一场运动，以克服西方资本主义的平庸政治，这种人就是尼采的超人。无疑，元首即是这种人物。

第三节　政治介入后的讲座：对尼采的批判与重新定位

政治介入失败后，海德格尔对尼采持鲜明的批判态度，并将自己的尼采讲座视为与国家社会主义的对峙，同时开辟自己的存在历史之思。

海德格尔被尼采引入歧途，他后期关于尼采的论著可以视为对其前期尼采的激烈反击。即使我们不能将他后期关于尼采的

---

① Martin Heidegger. *What is called thinking*? Trans. by Fred D. Wieck and J. Glenn Gray, New York: Harper & Row, publishers, inc. , 1968, p. 67.

所有论著都看成是针对这一任务,但至少可以说是他的主要任务之一。政治介入失败后,海德格尔竭力剔除前期此在哲学的主体形而上学思想残渣。为达此目的,他努力消除尼采强力意志哲学对他的影响,将尼采归入形而上学的轨道,并冠以形而上学的最终完成。在 1935 年,海德格尔说道:"'形而上学'始终是表示柏拉图主义的名称,这种柏拉图主义在叔本华和尼采的阐释中向当代世界呈现出来。……这样一种形而上学之克服,尽管是在一种更高的转换中发生的,但只不过是与形而上学的最终牵连而已。……它只不过是对存在之被遗忘状态的完成,对作为强力意志的超感性领域的释放、推动。"①这种批判的立场随着尼采讲座的深入呈现越来越严厉的态势,海德格尔径直说,"尼采的形而上学是本真的虚无主义"②。类似的评论在《尼采》中俯首即是。

此时的海德格尔在面对现实政治问题时不再依靠尼采与国家社会主义以寻求解决之道,取而代之的是对尼采哲学与国家社会主义的批判与重新认识。这种态度在《形而上学导论》、《形而上学之克服》与《作为艺术的强力意志》中清晰可见。他在《形而上学导论》中这样评价尼采:"甚至尼采而且恰恰是尼采完全是在价值的思路中运思的。……被卷入价值的想法之迷乱中,不理解价值想法值得追问的来源,就是为什么尼采没有达到哲学的本真中心的根由。"③显然,这是对尼采非常鲜明的批判态度,这在以前的著述中是没有的。同样的态度也可见于《形而上学之克服》中,"随着尼采的形而上学,哲学就完成了。这意思是说:哲学已经巡视了预先确定的种种可能性范围。完成了的形而上学乃是全球

---

① 海德格尔.演讲与论文集[M].孙周兴译.生活·读书·新知三联书店,2005:79。

② 海德格尔.尼采[M].孙周兴译.商务印书馆,2012:1032。

③ 海德格尔.形而上学导论[M].熊伟、王庆节译.商务印书馆,2010:198。

性思想方式的基础；这种完成了的形而上学为一种也许会长期延续下去的地球秩序提供支架"①。海德格尔已不再将尼采哲学视为虚无主义的克服，尼采哲学是虚无主义的最终表达。在《作为艺术的强力意志》的讲座中，海德格尔更是开门见山地指出："作为形而上学思想家的尼采。"②这三篇论著正是在海德格尔政治介入失败不久以后写就的，从中可以看出，政治介入的失败给海德格尔思想带来的巨大思想震动。与对尼采的这种总体性批判立场相对应，海德格尔对一些诸如超人、元首、大地、战争等推动其政治介入的关键术语作了完全不同的理解。超人与末人已不再是尼采所倡导的、等级分明的积极虚无主义者与消极虚无主义者，"末人与超人乃是同一个东西；它们是共属一体的，正如在形而上学的 animal rationale[理性动物]中，动物性的'末'（Unten）与 ratio[理性]的超（über）是紧密结合而相互吻合的"。③元首已不再是超人的典范，"他们乃是以下事实和必然结果，即：存在者已经过渡到迷误方式中，在此迷误中散布着一种空虚（die Leere），后者要求存在者的一种独一无二的秩序和可靠性保障。这其中就要求有'领导'的必然性了，亦即对存在者整体之保障的有所规划的计算的必然性"④。战争与"总动员"已不再是理想社会的新标志，"'世界战争'及其'总体性'已经是存在之被离弃状态的结果"⑤。"大地（Erde）显现为迷误之非世界（Unwelt der

---

①　海德格尔. 演讲与论文集[M]. 孙周兴译. 生活·读书·新知三联书店，2005：83。

②　海德格尔. 尼采[M]. 孙周兴译. 商务印书馆，2012：3。

③　海德格尔. 演讲与论文集[M]. 孙周兴译. 生活·读书·新知三联书店，2005：94。

④　海德格尔. 演讲与论文集[M]. 孙周兴译. 生活·读书·新知三联书店，2005：97。

⑤　海德格尔. 演讲与论文集[M]. 孙周兴译. 生活·读书·新知三联书店，2005：95。

Irrnis）。大地乃是存在历史意义的迷误之星。"①在海德格尔那里,这一切已经不是虚无主义的对抗力量,而是虚无主义的完满实现。

　　政治介入失败后,海德格尔对尼采采取非常鲜明的批判态度,但他对传统形而上学与现实问题的判断仍追随尼采对现代性的整体批判立场。在《尼采》中,海德格尔反复强调尼采的这句箴言:"虚无主义意味着什么?——最高价值自行贬黜。没有目标;没有对'为何之故?'的回答。"②尼采认为,以往的至高价值如基督教救世主、道德法、理性的权威进步、最大多数人的幸福等价值都已自行贬黜,丧失了塑造历史的能力。这并不是因为这些观念处于高位,现在堕落而位于低位,而是因为这些价值本身就是低贱的,它们都以贬损人的强力意志为前提,所以本身就是虚无主义。即这些价值之所以会丧失意义,不是因为外在的因素,而是其自身就包含着自我解体的可能性,这些价值的沦落只不过是原形毕露,把其内在固有本质与特性表现出来而已。所以,对现代性诸要素进行挽救是没有任何意义的权宜之计。同样,海德格尔把现代性诸问题毫无区别地纳入存在历史的构架内来加以审判。在存在历史的框架下,他对毒气室与转基因产品采取一致态度,对美国与苏联采取一致态度,"就形而上学的方面来看,俄国与美国二者其实是相同的,即相同的发了狂一般的运作技术和相同的肆无忌惮的民众组织"③。

　　海德格尔的存在历史之思彻底消除了前期此在主体性哲学的嫌疑,从而将他自己从国家社会主义运动中拯救出来。海德格尔认为,在理论上,国家社会主义运动的"内在真理与伟大性"与

　　① 海德格尔.演讲与论文集[M].孙周兴译.生活·读书·新知三联书店,2005:100。

　　② 海德格尔.尼采[M].孙周兴译.商务印书馆,2012:731。

　　③ 海德格尔.形而上学导论[M].熊伟、王庆节译.商务印书馆,2010:38。

当时现实的政治运动是相对立的：前者从理想上可能预示了一种尼采所倡导的对欧洲虚无主义的抵抗运动，而后者在现实上则是虚无主义的彻底实现。当时的理论家们如贝姆勒等人已经将尼采与他自己的学说彻底歪曲了，将这种运动的哲学根基的内在真理性放逐到形而上学思维或日常思维中去。"所有这些著作都自命为哲学。尤其是今天还作为纳粹主义哲学传播开来，却和这个运动（即规定地球命运的技术与近代人的汇合的运动）之内在真理与伟大性毫不相干的东西，还在'价值'与'整体性'之浑水摸鱼。"①现实的国家社会主义只不过是形而上学最终完成的一种表现形式而已，而这种形而上学思维方式始于柏拉图，终结于尼采。他们创造了这种人类存在的特有境遇，即执迷于对存在者的寻求，遗忘了存在的意义，这种运动是存在之遗忘的顶峰，而尼采哲学则是西方形而上学的终结。一个开端已经渐渐隐身，另一开端还未开启，一切皆是存在之天命使然。它是人类无法左右的力量，人类的意志选择与政治实践根本无法改变这种存在之被遗弃状态，"存在历史既不是人和人类的历史，也不是人与存在者和存在的关联的历史。存在历史乃是存在本身，而且只是存在本身。"②海德格尔强调存在天命的不可抗拒性，在这种神秘历史中，人类没有自由选择的权利。"哲学将不能引起世界现状的任何直接变化。不仅哲学不能，而且所有一切只要是人的思索和图谋都不能做到。只还有一个上帝能救渡我们。"③此在没有自由选择的能力，完全受存在之天命的主宰。这样，他对此在与存在的关系也经历了一个完全的倒置，从由此在（Dasein）追寻存在之意义，到作品成为此之在与存在相遇的理想场所，再到存在之天命决定此

---

① 海德格尔. 形而上学导论[M]. 熊伟、王庆节译. 商务印书馆, 2010: 198.
② 海德格尔. 尼采[M]. 孙周兴译. 商务印书馆, 2012: 1214.
③ 海德格尔. 海德格尔选集[M]. 孙周兴选编. 上海三联书店, 1996: 1306.

在。此在的作用由前期的无所不能演变为存在天命中的微不足道。个人的意志选择能力完全服务于人力所无法改变的存在之天命。这样，国家社会主义运动似乎是存在之天命使然，一切个人与集体都无所选择。因为这种力量深深地植根于求意志的意志的形而上学之中，是形而上学思维方式所释放出来的巨大力量，它在现实上表现为技术的无所不能。"'技术'这个名称包括一切存在者区域，它们总是预备着存在者整体：被对象化的自然、被推行的文化、被制作的政治和被越界建造起来的观念。"①海德格尔以纯粹哲学的立场来解释这场灾难，将其说成是形而上学的最终完成，而社会主义、资本主义民主政治与国家社会主义运动一同被归入尼采形而上学所倡导的求意志之意志的哲学范畴之下，都作为形而上学的变种而加以抛弃。人类的生存活动受存在之天命的支配，在这种情况下，唯一能做的就是对世界采取一种泰然任之的态度。

　　纵观海德格尔的思想之路，尼采对海德格尔的影响走出了一条马鞍形的轨迹。我们把海德格尔的政治介入看作尼采对海德格尔影响的顶点，此后则持一种越来越鲜明的批判立场。当然，我们只是从政治介入的视角来分析他的这种立场，而政治介入失败后海德格尔关于尼采的大量论著蕴含着海德格尔更加丰富的哲学思想，代表着海德格尔更加多维的哲学立场，又怎能用"批判"一词说尽。

---

　　①　海德格尔.演讲与论文集[M].孙周兴译.生活・读书・新知三联书店，2005：80。

第七章　拯救的暴力：德里达对海德格尔尼采解释的批判

从海德格尔的尼采解释对后世的影响来看，恐怕最为核心的问题就是尼采哲学究竟有没有其内在统一性问题。很显然，海德格尔对此都作了肯定回答。针对这一问题，哲学界则分成了截然相反的两派：舒尔兹、洛维特与施特劳斯认为尼采哲学具有统一性；以法国后现代主义为代表的另一派则否认尼采哲学具有内在统一性①。首先，舒尔兹为海德格尔辩护，他认为，尽管尼采坚决反对传统形而上学，但他还是试图以自己的方式对存在者整体进行一种理解，他围绕强力意志原则组织自己的思想。传统形而上学一直在追求一种无限的绝对，它是理念、上帝、主体，而尼采提出了肯定感性世界的强力意志与永恒轮回学说，他在反传统形而上学的同时又创造了肯定生成与本能的"生命形而上学"。从这个意义上讲海德格尔对尼采的理解是有道理的。施特劳斯学派

---

① 马克·德·劳奈(Marc De Launay)在《海德格尔的〈尼采〉及其在法国的接受》一文中对海德格尔的尼采解释在法国的接受情况作了全面评述。但其中并未涉及德里达、德勒兹与福柯对尼采的理解以及对海德格尔尼采解释的评判。详见，阿尔弗雷德·登克尔等编，《海德格尔与尼采》，孙周兴、赵千帆等译. 商务印书馆，2015 年，第443－454 页。

从政治哲学的角度来理解尼采哲学，他们承认海德格尔所说的尼采与柏拉图哲学的关系是理解尼采哲学的出发点，但他们反对海德格尔把尼采看作一位柏拉图主义者，而是把尼采看作柏拉图式的政治哲学家。从施特劳斯学派强调尼采与柏拉图的一脉相承性这一点来说，二者是具有相同之处的。洛维特则认为尼采哲学的中心关切是永恒轮回学说，以克服基督教的彼岸世界，但他在反基督教的同时又成为一个基督主义者，这与海德格尔所说的尼采在反柏拉图主义的同时又成为柏拉图主义者的这种论断方式如出一辙。

　　另一方面，海德格尔对尼采"最后一位形而上学家"的这种判定在后现代主义阵营中可以说是曲高和寡，批判与反对之声此起彼伏。他们坚决反对尼采哲学具有所谓的内在统一性，如德里达、福柯、布朗肖、德勒兹等①。他们视尼采为自己的思想先驱，都一并反对海德格尔的尼采解释。德里达把传统形而上学视为逻各斯中心主义，它用无所不包的同一性代替差异性，而尼采将差异性从同一性中解放出来。然而，海德格尔将尼采一次又一次地赶进形而上学的思想领域，这种立场与尼采本人的思想是不相符合的。究其原因，是海德格尔并没有摧毁逻各斯，只是重建了逻各斯。布朗肖对海德格尔的指责有两个方面：一是海德格尔明明知道《强力意志》是一部充满欺骗性的不实之作，却又过度引述它，以它为依据对尼采作一种体系化的阅读；二是尼采的这种非整体性的、格言式的片段根本不能将其进行一种黑格尔式的解读。福柯认为尼采消除了知识主体的统一性，没有什么绝对的解

<hr>

① 德里达、德勒兹、福柯对尼采哲学非形而上学性的论述可参见《尼采的幽灵——西方后现代语境中的尼采》（汪民安、陈永国编. 北京：社会科学文献出版社，2001）的相关论述，《阐释签名（尼采/海德格尔）：两个问题》（德里达）、《游牧思想》（德勒兹）、《尼采·弗洛伊德·马克思》与《尼采·谱系学·历史学》（福柯）。另可参考本书中凯思林·M. 希金斯（Kathlee M. Higgins）的《尼采与后现代的主体性》。

释项有待解释，一切都已经是解释。而德勒兹干脆将尼采哲学称为破坏力极强的"游牧思想"，它没有永恒的居留之所，只有不断地漂泊与迁徙；没有永恒的编码与再编码，只有不断地解码。总的来说，后现代主义者认为，尼采多样化的写作风格与其内在的哲学精神是一致的：它是对以哲学排斥文学与诗学传统的反动，是对以逻各斯、理念、上帝、主体概念排斥格言与隐喻的反动，并最终是对以统一性、体系性排斥否定性、差异性与多样性的反动。纵观两派的观点，我们发现，后海德格尔时代的哲学家们都对海德格尔的尼采解释倍加重视，并且观点各有千秋，可以说仁者见仁，智者见智。但有一点是肯定的，那就是上述哲学流派对尼采的阐释从根本上恢复了尼采作为一位伟大哲学家所应有的深刻性和复杂性，只是侧重点不同而已。后现代主义者强调的是尼采哲学的否定性与破坏性，施特劳斯学派强调的是尼采哲学的肯定性与建构性，而海德格尔强调的则是尼采哲学与传统哲学的一脉相承性以及对存在历史之思的启示性。

第一节 德里达对海德格尔尼采解释的总体立场

综观海德格尔的尼采阐释之路，我们似乎得出两种截然相反的印象：一方面，海德格尔对尼采的解读堪称完美，在他论证的体系内部几乎无懈可击。诚如贝姆勒所说，《尼采》是一部至今为止唯一能做到面面俱到且自圆其说的解释尼采的著作。同时，海德格尔的尼采阐释影响巨大，正如哈贝马斯在《后现代哲学话语》一书中所说的，尼采在 20 世纪经久不衰的声望，主要原因之一就是海德格尔对尼采的解读。但另一方面，他这种"六经注我"式的解读方式又饱受指责：脱离尼采文本，对尼采哲学中的个别段落进行过度解读，断章取义，将尼采强行塞进他所设计的形而上学的封闭理论牢笼中。本章主要以德里达对海德格尔尼采解释的批判为切入点，管窥后海德格尔时代对尼采哲学以及对他尼采解释的理解。在整个后现代主义哲学家中，德里达是海德格尔尼采解释最为尖锐的批判者。德里达认为，海德格尔对尼采的解释虽然是一种拯救行为，但这种拯救却是对尼采思想与文本的一种侵吞与肢解，是一种暴力的拯救。他从不同的视角对海德格尔的尼采解释给以批判，一定程度上揭示了海德格尔哲学与解释学的形而上学印记，以达到将尼采从海德格尔的阅读中拯救出来的目的。

德里达深受海德格尔影响：他对逻各斯中心主义进行解构便来自海德格尔的为形而上学去蔽；他的 *Deconstruction* 与海德格尔的 *Destruction* 有着同样的意义；海德格尔围绕存在历史采取历时性分析，德里达则围绕写作与符号学采取共时性分析。"我要做的事，如无海德格尔问题的提出，就不可能发生。"[①]同时，德里达也是海德格尔最为深刻的批判者，而这种批判都直接或间接与尼采交织在一起。这种立场贯穿于德里达哲学的始终。德里达认为，海德格尔对尼采的解释是一种侵吞与肢解，是一种解释的暴力，是不可理解、不可接受的。他以独特的方式从不同的视角对海德格尔的尼采解释给以批判，一定程度上揭示了海德格尔哲学与解释学的形而上学印记。

海德格尔认为，尼采哲学的统一性来自西方形而上学的统一性，来自构成其形而上学的各基本要素。每一种形而上学都包括以下五个要素，分别是本质、实存、历史、真理与人类。而尼采哲学恰恰由这五个主导要素构成了一个统一的形而上学整体：强力意志（本质）、永恒轮回（实存）、虚无主义（历史）、公正（真理）与超人（人类）。"这五个基本词语中的每一个同时都命名着其他几个词语所言说的东西。惟当它们所言说的东西向来也一起得到思

---

① 德里达. 多重立场[M]. 佘碧平译. 生活·读书·新知三联书店,2006:11.

考,每个基本词语的命名力量才完全发挥出来了。"①德里达认为,
海德格尔的解释始终是以把尼采看作一位形而上学家为前提的,
无论是对强力意志的解释,还是对永恒轮回的解释。然后将各自
的解释串连为一个新的完成了的统一体,进而将尼采哲学解释为
一个单一的形而上学体系,并贯以形而上学的最终完成。这种解
释是海德格尔依其自身的形而上学立场以对西方一般形而上学
的理解为基础的。所以,"他对尼采的阐释的统一性,这种阐释所
指的西方形而上学的统一性,以及海德格尔思想路线的统一性,
在此是不可分割的。抛开其中任何一点来考虑都是不可能的"②。
在德里达看来,尽管海德格尔对尼采的解读是一种拯救,"使尼采
摆脱任何生物学家的、动物学家的或活力论者对其的重新占
有。"③但却是一种暴力的拯救,是对尼采思想的肢解与侵吞,"它
通过败坏一种思想来拯救这种思想。人们在尼采思想那里觉察
出一种形而上学,最后的形而上学,又把尼采文本的一切含义都
归之于这种形而上学"④。从而最终落入了海德格尔的陷阱。德
里达所要做的就是"把尼采从海德格尔式的阅读中拯救出来"⑤。

　　德里达从《尼采》这部巨著的标题展开对海德格尔尼采解释
的总体性批判。海德格尔在前言中说道,"《尼采》——我们用这
位思想家的名字作标题,以之代表其思想的实事"⑥。海德格尔从
思想内容方面来规定"尼采"这个名字的本质。尼采不是一个普

---

①　海德格尔.尼采[M].孙周兴译.商务印书馆,2012:951。

②　德里达等.尼采的幽灵——西方后现代语境中的尼采[C].汪民安、陈永国编.
社会科学文献出版社,2001:236。

③　德里达.论精神——海德格尔与问题[M].朱刚译.上海译文出版社,2008:
94。

④　德里达.论精神——海德格尔与问题[M].朱刚译.上海译文出版社,2008:
94。

⑤　德里达.论文字学[M].汪堂家译.上海译文出版社,1999:25。

⑥　海德格尔.尼采[M].孙周兴译.商务印书馆,2012:1。

通的人名,而是一种思想的名称,应该将尼采的思想与生平分离开来。海德格尔认为,真正的哲学家一生只思一事,应该像看待康德、黑格尔那样来看待尼采,尼采行动在西方哲学的轨道上,我们所做的应该是将尼采真正的思想提炼出来。"尼采是谁"的问题不是从他的人物传记中获得的,而是从他的思想主题中获得的。而那种传记性质的名字只能被看作偶然的、心理的、非本质的东西。"尼采是谁?而且首要的,尼采将是谁?一旦我们能够思考那个思想,即尼采在'强力意志'这个词语结构中表达出来的那个思想,这个问题就会迎刃而解。尼采就是那个踏上通向'强力意志'的思想道路的思想家。尼采是谁,我们决不能通过一种关于他的生平事迹的历史学报告来加以经验,也不能通过一种对其著作内容的描述来了解。如果我们在此仅仅想着人物、历史角色、心理学对象及其产生过程等等之类的东西,我们也就不愿意知道尼采是谁,也就不能知道尼采是谁了。"①海德格尔正是基于这个理由才对 20 世纪初以及国家社会主义时期的两个《尼采全集》版本进行了批判。按照它们的标准,必须对尼采的生平与日常活动进行事无巨细的考察并得以出版,如尼采所写下的"我忘了带上我的雨伞"这样的话也不例外,这样方可理解尼采的完整形象。在海德格尔看来,名字所代表的不是尼采的生平,而是思想的内容。我们只有对尼采思想的最内在愿望进行反思,才能真正地理解尼采。要做到这点,就必须克服与剔除尼采思想中那些模棱两可、吹毛求疵的东西。

　　而德里达所关注的恰恰就是那些尼采思想中不可捉摸、充满歧义的文本与思想,诸如传记、签名、专有名词等这些主题对他的文本理论来说则是本质性的。德里达认为,像海德格尔提出的"尼采是谁"这样的问题可能只有在一般的人物传记中才能够提到,可是海

---

① 海德格尔.尼采[M].孙周兴译.商务印书馆,2012:497。

德格尔却将一个人的名字作为一部作品的标题，这可以说是别有用心。海德格尔把他的著作命名为"尼采"，这无疑意味着将尼采钉在了一个固定的位置上，这个位置便是"形而上学的完成者"。德里达认为，通过名字永远不能得到一个整全的尼采，而海德格尔用括号将这个名字封闭起来，通过思想内容来理解尼采这个名字，通过这个汇集而成的思想内容便可以获得一个完整的尼采形象。而真正归属于尼采本人的名字与传记则进一步被边缘化。

　　人们通常把尼采理解为一个诗人哲学家或生命哲学家，海德格尔认为，人们对尼采哲学的认识是模糊不清的，并不能洞见到尼采哲学的内在愿望与本质，因为"尼采知道什么是哲学"，"尼采处于西方哲学的追问轨道上"。① 所以，海德格尔在他的尼采解释中试图来拯救尼采，以确立他的形而上学家地位。但德里达认为，他的这种拯救任务并不成功。海德格尔的结论——最后一位形而上学家与颠倒的柏拉图主义者——是让人失望的。它既是"清醒和精密"的，又是"恶意和曲解"的。② 结论虽然是明确的，得到的仍然是一个虚假的尼采，所以仍然是一种模棱两可行为。他在肯定尼采思想独特性的同时又竭力证明了尼采哲学的形而上学性。德里达认为，海德格尔就像一个声称要冒险走钢丝的人又偷偷为自己撑起了一张防护网，声称要冒各种危险，其实不冒任何危险。海德格尔无论怎样解释尼采，都只是在他预先为其设计的思想构架内进行的，这实际上是一种欺骗他人的解释，也是一种自欺欺人的解释。因为无论海德格尔如何解读尼采，他把尼采当作形而上学家的观点始终在发挥作用。

　　德里达为了更有力地反驳海德格尔的解释方式，经常将尼采的文本与海德格尔引用的文本作以对比，如他对海德格尔引用的

---

①　海德格尔. 尼采[M]. 孙周兴译. 商务印书馆，2012：5。

②　德里达. 书写与差异[M]. 张宁译. 生活·读书·新知三联书店，2001：507。

《快乐的科学》第 324 节进行了分析。海德格尔对这一节有所引用，但他忽视或删除了一些非常重要的细节，于是就将这样一段内容丰富、形式多样、意义复杂的文本抽象为一种单向度的思想，进而将尼采哲学认作一种单向度的哲学，一种统一性的哲学。"考虑到海德格尔对所有这些加以抹除或隐蔽的方式，他显然不想在此听到这些。"①在德里达看来，这种掩盖并不是一个个案，在尼采与海德格尔的争辩中随处可见，在对尼采的解释中具有普遍意义，始终在发挥着作用。德里达认为，尼采的名字应该是复数的，他的思想是形式多样，内容丰富的，永远在不断地四处冲撞，不断冒险，就像一个流浪者和走钢丝者的聚集地一样。如果将尼采哲学看作一个思想盛宴的话，那么决不会像海德格尔所谓的以"强力意志"为中心的思想盛宴，因为，任何一个哲学家貌似真理的思想都会在"尼采们"的思想盛宴中被揭穿、击破而变得体无完肤。而海德格尔之所以如此解释是因为他另有所指，并没有真正关注尼采说了什么，只是为了满足自己的需要而已。很明显，海德格尔的盛宴地点"不会在巴塞尔、威尼斯或尼斯发生——但却于 1936—1940 年间在 Freiburg im Breisgauv 发生了，那是在为一次盛宴、为'得心应手的真正质疑'所做的准备"②。

第二节　德里达对尼采的理解

　　德里达对尼采的理解与海德格尔的理解大相径庭。他在解释尼采时所关注的是文本性这一主题。基于这一理论出发点，德

---

　　① 德里达等.尼采的幽灵——西方后现代语境中的尼采[C].汪民安、陈永国编.社会科学文献出版社,2001:246。

　　② 德里达等.尼采的幽灵——西方后现代语境中的尼采[C].汪民安、陈永国编.社会科学文献出版社,2001:249。

里达所重视的是尼采所创造的不同于以往的符号理论:它没有在场真理的性质,通过多种风格与多元化的写作方式来肯定这个感性的游戏世界。这种对世界的解释不再追求任何像理念、上帝、主体等这样的本体、基础,而是一个永不完结的解码过程,却从不编码——从不追求某种超验的东西。这样也就抛弃了那些具有在场意义的真理概念。尼采式的肯定"是对世界的游戏、生成的纯真的快乐肯定,是对某种无误、无真理、无源头、向某种积极解释提供自身的符号世界的肯定"①。在文本之外没有任何东西存在,具有绝对意义的名称是不存在的,甚至像海德格尔所说的"存在"这个具有基础本体论色彩的名称也是不存在的。这个世界对于我们的主动解释是开放的。这种肯定的、主动解释就是加入一种无确定意义的游戏。在尼采那里绝对找不到任何整体性的思想。而海德格尔从强力意志与永恒轮回的角度对尼采彻底体系化,这对尼采是不公平的。

德里达认为,尼采的思想与风格是多元化的,无论是从他的作品、写作方式,还是从生活观与艺术观的角度来说,都是同样的:它不再以猎取真理为目的,也不再耽于建立某种本体论、认识论或道德体系,而专注于考查对于实践与生活所起的作用。他将尼采的思想与风格形象地比喻为马刺。一方面意指尼采的思想与风格像刀与匕首一样锋利,在批判存在即在场,固定的本质与真理等传统形而上学概念时的破坏力,另一方面意指尼采的思想与风格的表达方式是多元化的,马刺的形象像一把刀、一把剑、甚至像一把伞、一支笔,在那里没有哪一个符号可以代表真理,尼采的风格充满着隐喻、反讽与面具色彩,有的只是符号之间对世界的游戏式解释,这些符号永远在流浪、冒险、解码,却从不定居或

---

① 德里达. 书写与差异[M]. 张宁译. 生活·读书·新知三联书店,2001:523 - 524。

编码。而海德格尔把强力意志与永恒轮回看作尼采哲学的两个标准符号,进而将其归结为一种"伟大的风格"。德里达认为,尼采的风格不应该是一种而是多种,"风格"一词不应该是单数,而应该是复数的。

德里达为了使其对尼采的理解更具说服力,刻意选择了尼采文本中"女人"这一主题来论证尼采风格的多样性。尼采有言:假如真理是个女人,那会怎样呢?尼采将真理与女人联系在一起,他认为,女人是一个琢磨不定、变化无常的动物,没有明确的特征,没有固定的本质,从不暴露自己的本真面目,像一个谜一样,令人难以理解,给人以神秘、幻想与诱惑。所以,真理也是一样,没有固定的本质,没有一种真理,有的只是多种真理与多种风格。在德里达看来,尼采作品中关于女性的观点是很难确定的,真正的女人形象、真正的性别差异都是模糊不清的,真理与非真理之间的二元对立在尼采思想那里得到了悬置。"根本就没有女人这种东西,没有本质上的女人之本质上的真理。至少尼采是这么说的。更不用说他作品中形形色色的女人,有母亲、女儿、姐妹、老处女、妻子、家庭女教师、妓女、处女、祖母、大小女孩。"①以往的形而上学只追求确定性而遮蔽了不确定性。"由于没有提出关于性的问题或至少把它纳入了真理的一般问题,海德格尔对尼采的解读始终是隔岸观海(我们也正是从隔岸之谜起步的),因为它忽视了真理寓言计谋中的女人。难道它没有看到性别问题根本不是一个更大秩序中的一个局部问题吗?这个秩序首先使它从属于一般本体论领域,随后归之于基本本体论,最终纳入存在真理问题本身。的确,它可能甚至不再是一个问题。"②尼采对女性的表

---

① 德里达等.生产(第四辑):新尼采主义[C].汪民安编.广西师范大学出版社,2007:70.

② 德里达等.生产(第四辑):新尼采主义[C].汪民安编.广西师范大学出版社,2007:72.

达说明，没有永恒的秩序，有的只是对某种变化的关系的确证过程，这种确证过程也不遵循辩证法，没有本体论的确定性。尼采的作品应该是异质性的，尼采的风格应该是多元化的，尼采的签名、尼采的生活以及尼采的传记都表现出其思想的多元性与不一致性。

在德里达看来，尼采的格言式写作使人们对他的认识模糊不清，但这并不是坏事。尼采行文的歧义与矛盾是尼采思想本然，本不应该对其作一种整体的哲学解释。而海德格尔却从形而上学史的视角对尼采进行严格归类，将其认作最后一位形而上学家。这样的论述在海德格尔那里比比皆是。例如尼采所谓伟大的风格在海德格尔看来代表了一种伟大的理想，这种理想将打着哲学的旗号，实行争夺全球统治权的斗争。海德格尔也从美学角度来谈论伟大的风格，"艺术状态，亦即艺术，无非就是**强力意志**。现在我们就理解了尼采的那个主要命题：艺术是'生命'的一大'兴奋剂'。'兴奋剂'的意思是：把人们带入伟大风格的命令领域之中的东西"①。"仅从表面上看，尼采对艺术的思考是美学的；而从其最内在的意志来看，这种思考是形而上学的，亦即是一种对存在者之存在的规定。"②无论从哪个角度来谈论伟大的风格，海德格尔都把尼采思想看作一种形而上学的基本立场。海德格尔对尼采《快乐的科学》的理解也是这种立场。"'科学'并不是表示当时和现在存在的专门科学及其在 20 世纪形成的各种建制的名称。'科学'指的是对于本质性知识的态度和追求本质性知识的意志。"③"'快乐'并不是空洞无物的乐趣和肤浅的娱乐，比如说，不受干扰的科学研究活动使某人'开心'。尼采这里讲的'快乐'，

---

① 海德格尔. 尼采[M]. 孙周兴译. 商务印书馆，2012：154。
② 海德格尔. 尼采[M]. 孙周兴译. 商务印书馆，2012：155。
③ 海德格尔. 尼采[M]. 孙周兴译. 商务印书馆，2012：280 - 281。

指的是一种来自从容大度的喜悦，它甚至也不再为最艰难和最可怕的事物所推翻。在知识领域里面，这种喜悦也不再为最值得追问的东西（das Frag-würdigste）所推翻，而毋宁说，由于它肯定了最值得追问的东西的必然性，它就在后者那里得到了加强。……对尼采来说，'快乐的科学'无非是一个表示'哲学'的名称，这种'哲学'的基本学说讲的就是相同者的永恒轮回。"[1]在德里达看来，尼采一次又一次地被海德格尔赶进形而上学的思想领域，这种立场是与尼采本人的思想不相符合的。德里达并没有把尼采归为形而上学家，也没有把他的思想安置在"形而上学的完成"的位置。而是从他的作品出发，对尼采进行传记式、符号学、文字学与解构主义的解读，这些作品也不是《强力意志》，而是那些充满隐喻与面具色彩的、意义模糊的文本。

德里达认为他的思想与尼采相同，没有首尾一致的论断，没有超验所指的符号概念、真理概念与本体概念。海德格尔把尼采哲学看作一种不断自我完善的历史发展过程，这个过程通过哲学的基础要素、关节点或网结而形成一个完整、统一、连续的整体。在德里达看来，海德格尔的尼采解释是黑格尔式的，中心、起源、目的、统一等形而上学概念始终在发挥作用。

第三节　德里达对海德格尔与解释学形而上学性的批判

德里达与海德格尔都深受尼采影响，而德里达又深受海德格尔影响，正是基于这种双重关系，德里达才认为海德格尔的尼采解释是牵强而武断的。

德里达认为，海德格尔之所以如此解释尼采，这与海德格尔

---

[1]　海德格尔.尼采[M].孙周兴译.商务印书馆,2012:281-282。

哲学以及解释学的形而上学性是分不开的。于是，德里达对尼采思想的肯定必然导向对海德格尔尼采解释的批判，如果我们考虑到德里达与伽达默尔的论战，那么就会清楚，贯穿于海德格尔与德里达之间的不仅是德里达对海德格尔尼采解释的批判，更是对解释学的批判①。当然，德里达对海德格尔尼采解释的批判与对解释学的批判是联系在一起的。海德格尔的尼采解释影响巨大，伽达默尔称赞这种解释是哲学解释学的典范。"我认为，海德格尔在其思想中将强力意志与永恒轮回合并起来是完全有说服力也是无可辩驳的。与海德格尔一道，我可以说看到了尼采的形而上学处于自我解体的过程中，并因而在寻求一座通向一种新的语言、通向另一种思想(可能还不存在)的桥梁。"②这样，德里达以海德格尔的尼采解释为例，通过描述解释学是怎样运作的这一事实，既达到了对海德格尔的批判，也达到了对解释学的批判。

　　德里达认为，整个哲学史就是一个中心取代另一个中心的过程，我们把这些中心称为理念、上帝、主体等，每一个中心在一定历史阶段都具有自身的结构性特征，并规定着其他一切事物的本质，这种结构性特征我们称之为起源、根据、在场。它们以"重复、替代、转换、对调"③的形式一同构成了一个体系，形成了一部形而上学史。而"不用形而上学的概念去动摇形而上学是没有任何意义的；我们没有对这种历史全然陌生的语言——任何句法和词汇；因为一切我们所表达的瓦解性命题都应当已经滑入了它们所要质疑的形式、逻辑及不言明的命题当中"④。也就是我们在批判

　　①　海德格尔的尼采解释成为伽达默尔与德里达1981年"巴黎论战"的争论焦点之一。请参见孙周兴等编译的《德法之争：伽达默尔与德里达的对话》，同济大学出版社，2003年。
　　②　德里达.德法之争：伽达默尔与德里达的对话[C].孙周兴、孙善春编译.同济大学出版社，2004：74。
　　③　德里达.书写与差异[M].张宁译.生活·读书·新知三联书店，2001：503。
　　④　德里达.书写与差异[M].张宁译.生活·读书·新知三联书店，2001：506。

形而上学的同时我们不可避免地运用它的概念与整体立场。在德里达看来，海德格尔与解释学都没有避免这种倾向。

在海德格尔那里，诸如"返回步伐""语言是存在的家""此在是存在的近邻"的论断，都具有一种寻求本源的形而上学痕迹。海德格尔、伽达默尔承认传统与成见的合理性，把理解视为一种视域的融合。德里达认为，形而上学所强调的整体性、统一性、一致性、连续性、联系性、相合性与扩展性等概念都在解释学中发挥着或大或小的作用。那里虽然没有固定的中心，但却有一个移动的中心，例如将理解看作一种视域的融合；这里虽然也包括差异，但却是在一定的结构模式上的差异，例如在存在历史中的存在与存在者的差异。德里达认为，理解应该是一种思想的断裂与突破，而不能是一种意义的延续，更不应乞灵于整体性的意义语境。基于此，德里达认为，尼采哲学中绝没有任何整体性的思想。例如尼采对永恒轮回与生死问题的论述并不具有整体性特征，而是充满歧义的，甚至是矛盾的，并且在尼采那里，矛盾也不是黑格尔式的辩证法的运动。"'我们切记不要说死是生的对立面；活的生物只不过是一种已死的生物，而且是非常罕见的一种。'尼采一口气挫败了控制思想的一切因素，甚至挫败了对总体性的期待，即对种属关系的期待。在此，我们所面对的是一种独特的——不带任何总体化可能的——'部分'对'整体'的包容。"①

德里达认为，在海德格尔那里仍然具有"属于形而上学或他所谓的本体—神学的符号。"②而尼采的游戏哲学则完全没有这种迹象，所以"必须根据一种尼采的而非海德格尔的方式"③行动，"出于结构和战略上的考虑，海德格尔认识到他不得不借用形而

① 德里达等.尼采的幽灵——西方后现代语境中的尼采[C].汪民安、陈永国编.社会科学文献出版社，2001:252。
② 德里达.多重立场[M].佘碧平译.生活·读书·新知三联书店，2006:11。
③ 德里达.多重立场[M].佘碧平译.生活·读书·新知三联书店，2006:11。

上学语言的句法和词汇的资源，因为当一个人要消解这一语言时，他必须要这样做"①。很显然，利用这套语言是不得已而为之，它们只是大厦的脚手架、网结、支撑点。德里达看到了这些网结的脆弱性，因为它仍具有形而上学的痕迹。而在所有这些网结中，"将差异视为存在—本体论差异的最终规定——这一方面无论其如何必要和关键——在我看来，似乎仍然以一种奇特的方式处于形而上学的掌握之中"②。海德格尔的存在者状态—存在论状态差异的思想仍然受到一种试图返回本真起源思想的束缚。海德格尔提出追求存在意义的优先性问题，仍然囿于中心—边缘的二元对立。追问存在的意义问题演变为"海德格尔在对待在场形而上学和逻各斯中心主义方面的模糊立场"③的一种隐喻。尽管后期海德格尔用打了叉的"存在"来避免各种嫌疑，但"这种涂改（rature）是一个时代的最终文字。在场的先验所指隐没在划痕之下而又保留了可读性，符号概念本身被涂改而又易于阅读，遭到破坏而又清晰可辨。这种最终文字也是最初文字，因为它能给存在—神学、给在场形而上学和逻各斯中心主义划界"④。

　　海德格尔在《论人道主义的信》中反对各种以主体为取向的哲学思路，以为自己辩护。德里达承认，海德格尔的此在决不是形而上学意义上的人，人道主义与人类学并不是海德格尔的思想关切。所以不能把海德格尔与胡塞尔、黑格尔在人道主义形而上学这个意义上相提并论。但在海德格尔那里，人具有"一种更加细致，更加隐蔽，更加顽固的特权"，⑤在海德格尔追寻存在的意义

---

①　德里达.多重立场[M].佘碧平译.生活·读书·新知三联书店，2006：11。

②　德里达.多重立场[M].佘碧平译.生活·读书·新知三联书店，2006：11。

③　德里达.论文字学[M].汪堂家译.上海：上海译文出版社，1999：29。

④　德里达.论文字学[M].汪堂家译.上海：上海译文出版社，1999：31。

⑤　Jacques Derrida. *Margins of Philosophy*. Translated by Alan Bass, the Harvester Press，1982，p. 124.

问题时,他不得不以此在作为追寻存在之意义问题的切入点。
"我们可以看到,此在虽然不是人,但也不是人以外的其他东西。
正如我们看到的那样,它只不过是一种对人之本质的重复,是对
人(humanitas)的形而上学概念的回归。"①海德格尔的存在之思
将传统的形而上学与人道主义统统悬置起来,而为了追寻存在之
意义,存在之思即变为此在之思。而这实际上是"对人的本质和
人的尊严的重估和评价"②,与存在之思相关的"邻居、守护、居所、
服务、护卫、声音以及倾听"③的隐喻之言不绝于耳。在德里达看
来,从海德格尔哲学的根本出发点、基本结构及可能性条件看,从
诸如家、邻近性、存在、在场等哲学话语看,海德格尔并没有摧毁
逻各斯与存在之真理,而是重建了这种真理。而尼采则用超人代
替了人类,超人"觉醒并离去,并不留恋他身后的一切。他烧毁自
己的文稿,抹去自己的印迹。接着,他将对着回归之路大笑,他不
会再重复人道主义的形而上学,当然,他也不再以纪念或守护存
在意义的方式或以存在之真理与存在之家园的方式来超越形而
上学。他将在家园之外跳舞,主动地遗忘并凶猛地吞食《道德的
谱系》所说的那场盛宴。无疑,尼采呼吁的是一种对存在的主动
遗忘。它不具有海德格尔所置入其中的形而上学形式"④。在德
里达看来,尼采的主动遗忘脱离了形而上学,而海德格尔的被动
遗忘则以新的方式重建了形而上学。德里达认为,他的"延异"则
没有这种印记,它比作为海德格尔思想出发点的存在者状态—存

---

① Jacques Derrida. *Margins of Philosophy*. Translated by Alan Bass, the
Harvester Press, 1982, p. 127.

② Jacques Derrida. *Margins of Philosophy*. Translated by Alan Bass, the
Harvester Press, 1982, p. 128.

③ Jacques Derrida. *Margins of Philosophy*. Translated by Alan Bass, the
Harvester Press, 1982, p. 130.

④ Jacques Derrida. *Margins of Philosophy*. Translated by Alan Bass, the
Harvester Press, 1982, p. 136.

在论状态的差异更为原始，而"延异"概念则来源于尼采。很显然，德里达的尼采不是海德格尔所阅读的构造体系化的人物，而是一个对以往哲学具有超凡解构能力的思想家。

　　德里达也从声音与写作的区分批判海德格尔对尼采的解释。在他看来，这种区分始于古希腊，从柏拉图、亚里士多德到现代的索绪尔，声音与书写、口头语言与书写语言，能指与所指，二者具有严格的等级性。西方符号学理论把声音看作内在、必然的能指，而写作只不过是一种派生性的、引申性的所指，用以翻译作为在场的声音，用以再现口头语言。也就是口头语言优越于书写语言。这种观点决定了形而上学关于各种问题的中心—边缘的二元对立，如内在与外在、偶然与必然的对立。关于口头语言与书写文本，西方思想向来扬前而抑后，其结果便是语音中心主义，即德里达所说的逻各斯中心主义。德里达所要做的就是将文本书写从语音中心主义中解放出来，它不再依附于逻各斯，这种书写本身便具有始源意义。当然，他并不是单纯地对声音与书写的颠倒，而是建立一种能充分阐明语言的书写性并试图对声音相对于书写的优越性进行解构的书写理论。他的尼采解释就是以他的声音与写作的根本区别为出发点的。他在尼采那里关涉的问题是游戏、符号、风格问题。在他看来，尼采是一个思考差异，创作不同文本，言说不同语言的思想家。"尼采提醒我们，如果风格存在的话，它一定是多元的。"①

　　随着书写的发展，由能指与所指的对立逐渐演化出了写作与书之间的对立，书写与作品之间的对立。"这种书本观念就是能指的有限或无限总体的观念"，②书是自我封闭的能指的总体，书

　　①　Jacques Derrida. *Margins of Philosophy*. Translated by Alan Bass, the Harvester Press, 1982, p. 135.
　　②　德里达. 论文字学[M]. 汪堂家译. 上海译文出版社,1999:23。

的真理与意义先于文字而存在。所以文本就是书或者作品。而"不断指称着自然总体的这种书本观念与文字的意义大异其趣。它是对神学的百科全书式的保护，是防止逻各斯中心主义遭到文字的瓦解，防止它受到其格言式的力量的破坏，防止它受到一般差别的破坏（我们以后将进一步说明）。如果我们将文本与书本区别开来，我们可以说，就像现在各个领域所出现的那样，书本的拆毁意味着剥去文本的外衣"①。而尼采的编辑们把他大量笔记编辑成一本叫做《强力意志》的书，这样便把书写归结为作品，把文本归结为书。德里达由这一理论出发反对海德格尔将尼采的写作视为一本书：海德格尔主要依据这部著作对尼采进行解释，把这部书中的强力意志与永恒轮回结合起来，断定尼采行动在西方形而上学的轨道上。在海德格尔的尼采解释中，尼采所强调的"解释、观点、评价、差别的概念"②消失得无影无踪。"尼采写了他已写的东西。他写道，文字，首先是他自己的文字，本不从属于逻各斯和真理。这种从属关系产生于我们必须对其意义加以解构的时代。"③德里达认为，从将书写与书混为一谈的角度来说，海德格尔也陷入了能指与所指的等级关系中，也是一种语音中心主义与逻各斯中心主义。

　　海德格尔与德里达在某种程度上代表了对尼采解释的两个极端，可以说，公说公有理，婆说婆有理。德里达在论及海德格尔的一篇文章中曾引用了蒙田的一句话，"对解释的解释比对事物的解释有更多的事要做"。④ 可能他已预知到了评论海德格尔尼采解释的复杂性。因此，我们必须认真看待德里达的批判：他的观点是深刻而严肃的。然而，我们也必须严肃对待海德格尔对尼

---

① 德里达. 论文字学[M]. 汪堂家译. 上海译文出版社,1999:23-24。
② 德里达. 论文字学[M]. 汪堂家译. 上海译文出版社,1999:24。
③ 德里达. 论文字学[M]. 汪堂家译. 上海译文出版社,1999:25-26。
④ 德里达. 书写与差异[M]. 张宁译. 生活·读书·新知三联书店,2001:502。

采的解释，他是否对尼采文本进行了独占、侵吞与肢解，这不是一个结论的问题。毕竟海德格尔对尼采的解释是一个历经十余年、变换不同角度、进行不断尝试的过程。贝姆勒甚至认为，《尼采》是一部至今为止所出现的唯一能做到面面俱到且自圆其说的解释尼采的著作。所以，海德格尔的论证也同样是严肃而深刻的。二者的分歧与对立源自他们解释角度的不同：海德格尔是典型地从本体论和形而上学的角度来解读尼采，所以形成了《尼采》开门见山指出的"作为形而上学家的尼采"。德里达则反对从尼采哲学不断自我发展的历程去解释尼采，进而把尼采的著作以及概念进行统筹归类，最后将尼采以一种先入之见的形式被安置在某一个位置上。因为这势必会形成统一性与整体性的哲学观点。德里达彻底摒弃了本体论，注重尼采学说的矛盾性质，从解构主义、符号理论、文字学的视角出发，对那些被正统解读所忽略的文本进行研究，而不是对其作一种系统的哲学解读。所以，他反对海德格尔将尼采思考的一些问题都纳入形而上学的轨道。用他自己的话说，海德格尔像一个不会冒任何危险的走钢丝者，他已预先为尼采设定了那个形而上学的框架。我们承认德里达批判的合理性，同样也应该承认海德格尔解读的合理性。正如伽达默尔所说，"尼采语言的高度技巧也未能帮我们提供一个共有的基础。因为情况恰恰是，你能以根本不同的方式来解读尼采"①。

　　两位哲学家对尼采解释之大相径庭还源于以下原因：即尼采的思想内容与写作方式给后世读者造成了很大的困难，使阅读本身显现为多重面目的形式。但这也无疑启发了后世的哲学家，进而展现了尼采思想的丰富性。尼采多样化的写作形式与他内在内容之间是否达成了一种和解，也就是说是否具有一种本质的同

_____

① 德里达. 德法之争：伽达默尔与德里达的对话[C]. 孙周兴、孙善春译. 同济大学出版社,2004:73.

一性？海德格尔做出了否定的回答：二者之间存在着激烈的冲突与矛盾，尼采哲学有其内在的统一性。而德里达则做出了肯定的回答：二者具有一致性，尼采的格言式写作抛弃任何体系化的诉求，讴歌事物的非完整性，追求思想发展的开放状态，排斥思想发展的完满性与统一性，崇尚表达的多样性、差异性与非连续性，把每次写作都视为思想的一次实验与冒险。很显然，"海德格尔把尼采的名字与一个过去的、已经完成了的事件，一个可确定的、已经结束了的时刻联系起来，而德里达则把这个名字放在了不可预见的、开放的将来"①。既然德里达本人都说过，尼采真正的作品与真正的尼采之类的东西都是不存在的，那么，我们为何要苛求海德格尔呢？这何尝不是一种对话的开始，一种理解的开端？"因此，那个让我关心解构论的人，那个固执于差异的人，他站在会话的开端处，而不是在会话的终点。"②

---

① 恩斯特·贝勒尔. 尼采、海德格尔与德里达[M]. 李朝晖译. 社会科学文献出版社,2001:158。

② 德里达等. 德法之争:伽达默尔与德里达的对话[C]. 孙周兴、孙善春编译. 同济大学出版社,2004:100。

第八章　海德格尔的"两个尼采"

　　尼采的写作风格与语言形式使人们很容易产生各自不同的尼采形象,但这并不意味着每一种对尼采的理解都具有完全的合理性,海德格尔的尼采解释也不例外。本章试图阐明人们在阅读海德格尔尼采解释时需要注意的两个问题,而每一个问题又都呈现出"两个尼采"的面相。就第一个问题而言,"两个尼采"指的是海德格尔提供给我们的尼采形象与人们心目中的尼采形象具有很大差异,这便涉及海德格尔尼采解释的方法论预设问题;就第二个问题而言,海德格尔讲座中的尼采解释与后期著作中的尼采解释存在较大差异,这便涉及海德格尔 30、40 年代的尼采讲座与 1961 年的《尼采》两个文本的比较问题。通过对这两个问题的讨论,本章旨在提供一个更加全面理解海德格尔尼采解释的文本背景。

第一节　海德格尔尼采解释的方法论预设

　　阅读海德格尔的尼采解释给我们留下最深刻的印象就是,他所阐释的尼采已经不是人们所熟知的尼采了,而是变成了另外一个"尼采",我们在这里似乎遭遇到了"两个尼采"。用芭比特·E.

巴比奇(Babette E. Babich)的话来说,"这是一套完全不同的概念语言。在人们阅读海德格尔对尼采的辨析时,会再也认不出那个长久以来为他们所熟悉的那个尼采"①。因此,某种程度上来说,海德格尔的尼采阐释并不能算作尼采研究的标准著作。那么问题是,我们为什么会对海德格尔所呈现的"尼采"感觉如此地陌生? 其原因在于,海德格尔的尼采解释完全是以一种超出文本的诠释方式来探讨尼采哲学,对尼采思想进行了周密的重构与合理化处理。正是因为这一点,海德格尔的尼采解释也多遭诟病。诚如哈尔所说,"这种阅读策略的核心在于,通过全新的领会与理解最大程度地获得某种明晰性与说服力,由此达到追随尼采的目的;但同时也伴随着对尼采立场的扩展、重塑,甚至是彻底修改"②。国内海德格尔与尼采研究专家吴增定先生曾做出过较为中肯的评价,他认为,"海德格尔对尼采的这一解读当然非常富有启发性,因为他不仅揭示出了尼采哲学的内在统一性,而且也强调了尼采与西方形而上学传统的关联。但是,海德格尔对尼采哲学的解读显然也存在着很大的偏颇。因为不仅他的具体结论明显地不符合尼采本人的表述,而且他对尼采文本的引用和解读方法也很成问题"③。就此来说,海德格尔的尼采解释不能被视为研究尼采的标准化作品,这种阐释不是我们通常所看到的一位普通学者对某种哲学思想的简单诠释,而是预设了一种解释学处境的"争辩"(Aus-einander-setzung)。在海德格尔看来,与尼采的争辩

---

① 芭比特·E. 巴比奇(Babette E. Babich).《尼采和海德格尔那里的诗歌、爱欲与思想——尼采研究视野中的海德格尔之尼采阐释》,载阿尔弗雷德·登克尔等编,《海德格尔与尼采》,孙周兴、赵千帆等译. 商务印书馆,2015 年,第 303 页。

② Michel Haar. *La fracture de l'histoire. Douze essais sur Heidegger*, Grenoble,1994,p. 194.

③ 吴增定.尼采与"存在"问题——从海德格尔对尼采哲学的解读谈起[J]. 云南大学学报(社会科学版),2010(4):61 - 62。

就是"一种与迄今为止的全部西方思想的争辩"①。而"争辩乃是真正的批判"②。这种争辩"预设了一个完全确定的解释学处境。在海德格尔看来,理解尼采就是要在形而上学的历史中确定他的位置;在解读尼采的时候,使他未思考的东西流淌出来。这样来处理的思想虽然通过辨析获得了自身的地位,但却达到了一个超出了阐释文本的位置"③。具体来讲,海德格尔的尼采解释存在着两个既隐蔽又对他的整体阅读始终起着普遍意义的方法论预设。

第一个方法论预设是,海德格尔认为,"尼采的真正哲学"是在尼采未出版的遗著中。首先,在海德格尔看来,尼采的真正思想应该是在他未曾明言的话语中。而所谓"未曾明言的"首先是指尼采的真正思想不是在他已出版的作品中表达出来的,而是在他未出版的作品中表达出来的。海德格尔强调"未曾明言的"重要性意在证明他把解读的文本放在尼采遗稿上的合理性,即尼采已出版的作品是他所明言的,而他的遗稿则是他未曾明言的。于是海德格尔把他整个尼采讲座的文本几乎全部聚焦于《强力意志》。"倘若我们的认识还局限于尼采本人的出版物,那么,我们就决不能经验到尼采已经完全知道、已经做好准备并且作为持续深思、但又含而不露的东西。只有对遗留下来的手稿的考察才能给出一幅更为清晰的图像。"④当然,海德格尔所理解的《强力意志》不是指尼采的妹妹从尼采笔记中所构建起来的那本书,而是尼采在这个大的标题下所阐发的整个文本。在海德格尔看来,这个文本是尼采哲学的"主结构",而相对于这个主结构,已出版的

---

① 海德格尔.尼采[M].孙周兴译.商务印书馆,2012:5。

② 海德格尔.尼采[M].孙周兴译.商务印书馆,2012:5。

③ 约翰·魏马(Juan L. Vermal).《关于西班牙语世界对海德格尔之〈尼采〉的接受》,载《海德格尔与尼采》,阿尔弗雷德·登克尔编,孙周兴、赵千帆等译.商务印书馆,2015 年,第 455 页。

④ 海德格尔.尼采[M].孙周兴译.商务印书馆,2012:276。

作品都只是"前厅"而已。"尼采的真正哲学,尼采据以在上面这些著作和他自己出版的所有著作中表达思想的那个基本立场,并没有最终得到完成,也没有以著作形式公诸于世……尼采在其创作生涯中,自己发表的文字,始终是前景部分。……真正的哲学总是滞后而终成'遗著'。"①

其次,海德格尔所说的"未曾明言的"即是指"未被思考的"意思,即在整个形而上学传统中仍没有被思考的东西,包括尼采也没有思考的东西,"实际上,尼采也从来没有公布过他在《查拉图斯特拉如是说》之后真正思考的东西——这是我们很容易忽略掉的一点。尼采《查拉图斯特拉如是说》之后的所有著作全都是论战著作;它们就是呼叫。尼采真正思考的东西,是通过他身后远远没有出齐的遗著才为人们所了解的"②。即使是在尼采的遗著中,他也只是以未曾思的形式思考。"一种思想中未被思的东西并非这种思想所具有的缺陷。未-被思的东西向来只是未-被思的东西。一种思想愈原始,其未被思的东西就愈丰富。"③在海德格尔看来,他努力表达的是尼采没有说出的东西,即存在之真理。尼采之所以没有说出这一内容是因为尼采哲学仍活动于形而上学传统之中。这一传统的根本共性就是对存在的遗忘,即从古代的柏拉图到近代的笛卡尔再到现代的尼采,他们无一例外。只有依据存在之真理,将尼采视为传统形而上学的终结,才能把握尼采的真正哲学。

尽管在海德格尔的这种解释框架内,尼采哲学达到了前所未有的高度,但我们也应严肃看待海德格尔将尼采置于形而上学终结处这一阅读策略的危险性。这种危险性就在于海德格尔将这

---

① 海德格尔.尼采[M].孙周兴译.商务印书馆,2012:9。
② 海德格尔.什么叫思想?[M].孙周兴译.商务印书馆,2017:85。
③ 海德格尔.什么叫思想?[M].孙周兴译.商务印书馆,2017:89-90。

种预定的解释模式带入对尼采文本的阅读中,使尼采哲学变得与他自己的解释模式相一致,从而进一步远离了尼采哲学本身。关于这个问题,维尔纳·施特格迈尔(Werner Stegmaier)作出了评价,他说,"海德格尔(有及洛维特与雅斯贝尔斯)把尼采视为与柏拉图、亚里士多德、笛卡尔、莱布尼茨、康德及黑格尔同等地位的哲学家,并根据哲学传统来理解尼采哲学。海德格尔在下述方面郑重地看待尼采:尼采试图去开拓被局限于自身前提之下的哲学传统,并且把它把握为一种不断增加的界限的历史,最终将它把握为颓废(décadence),因而——此前只有黑格尔——在形而上学名下批判性地使西方哲学本身及西方哲学整体成了课题。起先是黑格尔,然后是尼采,两者都认为自己处于这种哲学的发展过程的终点,黑格尔把自己看作这种哲学的顶点和目标,尼采则把自己视为这种哲学的转折点和新开端,是与形而上学有着明确的间距的。海德格尔同样也认为自己处于一个转折点上,站在一个新开端面前,但他却把尼采列入形而上学中,并且把尼采弄成了形而上学的完成者。伟大的哲学家们对他们的伟大前辈是少有公正的。但像海德格尔那样违背尼采的原本意图来解释尼采哲学的做法,却是绝无仅有的了"①。因此,我们在阅读《尼采》时应该注意海德格尔通过《强力意志》这一文本可能对尼采的有意占有与挪用,即预先将尼采定格为形而上学的完成,然后通过对尼采思想的考察来创造一个尼采,进而又将形而上学的历史解释为存在之被遗忘状态。这样便解释了海德格尔将《强力意志》视为尼采主要著作的潜在意图,即一方面可能是因为《强力意志》中包括更多可供海德格尔将尼采归入形而上学思想家的文本内容,另

---

① 维尔纳·施特格迈尔(Werner Stegmaier).《海德格尔之后的尼采》,载阿尔弗雷德·登克尔等编,《海德格尔与尼采》,孙周兴、赵千帆等译.商务印书馆,2015年,第397页。

一方面可能是《强力意志》中具有更多能够激发海德格尔开辟自己存在哲学的思想资源。

这里需要指出的一个重要问题是,海德格尔为什么认为《强力意志》是尼采的主要著作并顺理成章地以之为蓝本来解读尼采? 这一论断并非完全的主观臆断,而是经过了海德格尔的严肃考证。海德格尔认为,哲学学者与哲学家是不同的,真正的哲学家一生只思考一事,即"存在者是什么",尼采将强力意志看作存在者的基本特征,说明尼采行动在西方形而上学的轨道上。直到1884 年以后,尼采才形成属于自己的哲学。尼采的思想在他精神崩溃之前的 1887 年与 1888 年达到了最大程度的安宁与明亮。这也是海德格尔的尼采讲座多引用《强力意志》的原因。海德格尔以尼采的通信为证据来证明《强力意志》是尼采的主要著作。他引证了尼采 1884 年 4 月至 1887 年 12 月的七封信,这些书信依次出现了"我的哲学""我的哲学""我的哲学""我的哲学""我……的主要著作""我一生的主要任务""我……的主要事情"[①]这些关键词,海德格尔无疑将这些书信看作上述结论的最重要证据。因为,在海德格尔看来,尼采的书信非同一般,"在起草书信时,尼采总是直接把草稿写在他的'手稿'上。他之所以这样做,并不是为了节约纸张,而是因为这些书信与著作有着归属关系。书信也是沉思录"[②]。可见,海德格尔对尼采遗稿倍加推崇,将他的这种做法看作是合情合理的。

对于"尼采的真正哲学"这一问题,尼采的解释者可以说是莫衷一是,众说纷纭。但人们都普遍反对海德格尔过分倚重遗著以及过分阐释所谓尼采思想中"未被思的东西"的做法。"关注尼采遗稿本身并不是令人反对的,而海德格尔把尼采遗稿放在绝对优

---

① 海德格尔.尼采[M].孙周兴译.商务印书馆,2012:12-16。

② 海德格尔.尼采[M].孙周兴译.商务印书馆,2012:269。

先的地位则产生了许多问题。"①卡尔·施莱赫塔（Karl
Schlechta)在编辑尼采作品时说，"我略去了已经出版的遗著，因
为在我看来里面没有什么新的思想"②。显然，与海德格尔恰恰相
反，在施莱赫塔看来，遗著中的思想只是尼采已经出版的作品中
基本主题的变化与不同表达。在此问题上，卡尔·雅斯贝尔斯的
观点可能更值得我们重视，他认为，不应过分强调已经出版的著
作或者是哪部遗作的重要性，一种充分而合理的解读应该是对尼
采全部作品的审视，而不是过分强调尼采作品的某一部分或某一
方面、甚至是某一句话。"在尼采那里，任何一种传达思想的形式
均不具有被优先考虑的特征。"③在雅斯贝尔斯看来，海德格尔严
格区分已出版的著作与未出版的著作，并且将尼采未出版的作品
看作尼采真正的哲学，这种做法并不符合尼采思想的本来面目。
洛维特曾就海德格尔与雅斯贝尔斯这方面的尼采解释情况作了
对比，"就像雅斯贝尔斯一样，M.海德格尔的思想也行进在这样
的道路上：[超越所有存在者并对存在关于它本身发现了什么闭
口不言的]道路。他为了阐释尼采，也将他自己的思想带入尼采
当中。但除了这种形式上的相似性之外，他们两人的尼采—阐释
就再没有什么别的关系了。他们在态度和观点上的对立才是更
本质性的和更引人注目的。雅斯贝尔斯将尼采的学说作为一种
对超越性的象征，而使它游移在将一切相对化的超越行动的运动
中，并且从所有的方面全面地把握尼采的全部作品。海德格尔则
通过挑选出少数的句子和关键词来深入到某一特点的观点中，而

① Ted Sadler. *Nietzsche：Truth and Redemption：Critique of the Postmodernist Nietzsche*. The Athlone Press，London & Atlantic Highlands，NJ，1995，p. 179.

② Karl Schlechta. *Friedrich Nietzsche：Werke in drei Bänden*，Munich，1956，s. 1433.

③ 雅斯贝尔斯.尼采——其人其说[M].鲁路译.社会科学文献出版社，2001：3.

不去顾及有可能具有相反意思的句子和词,以此将它们的意义确定为某种无可争辩的东西。这种非常确定的阐释的意图,就是揭示存在问题"①。国内学者吴增定先生也做出了与海德格尔相反的论断,"首先,无论在尼采本人心目中,还是就对他的哲学的理解来说,其生前公开发表的著作都要比其遗稿更重要和更权威;其次,更为重要的是,尼采在其生前公开出版的著作中从未认为'权力意志'是一种存在论或形而上学的'第一原则',而是仅仅将其视为一种假设性的视角"②。由此看来,即使我们不能认为海德格尔将《强力意志》视为"尼采的真正哲学"的这一做法是武断的,但这也是我们在阅读海德格尔尼采解释时应该注意的一个文本背景。

海德格尔解释尼采的第二个方法论预设是,"一切伟大的思想家都思考同一个东西"③。海德格尔将尼采从一些诸如"诗人哲学家"或"生命哲学家"的流行观念中解放出来,视其为一个严肃的哲学家,继而将尼采哲学判定为以强力意志与永恒轮回学说为基础的形而上学,并且是形而上学的最后完成。海德格尔在西方哲学史上首次对尼采做出了至高无上的评价,"尼采跻身于重要思想家行列。以'思想家'这个名称,我们指的是那些人中俊杰,他们命定要去思考一个唯一的思想,而且始终是一个'关于'存在者整体的思想。每个思想家都只思考一个唯一的思想"④。海德格尔以此原则作为解释尼采哲学的根本逻辑起点,进而对尼采那些以格言、警句表达出来的跳跃式思想进行全面的系统化,并断言尼采的形而上学是以相同者的永恒轮回为标志的一个封闭的

　　① 洛维特.尼采[M].刘心舟译.中国华侨出版社,2019:364。
　　② 吴增定.没有主体的主体性——理解尼采后期哲学的一种新尝试[J].哲学研究,2019(5):106。
　　③ 海德格尔.尼采[M].孙周兴译.商务印书馆,2012:40。
　　④ 海德格尔.尼采[M].孙周兴译.商务印书馆,2012:499。

整体。"相同者的永恒轮回学说乃是尼采哲学的基本学说。若没有这个学说作为基础，尼采哲学就会像一棵无根的树。"①从这一根本的思想原则出发，海德格尔认为，尼采哲学的五个主题即强力意志、永恒轮回、虚无主义、价值重估、超人是一个统一的整体，每一方面都体现了尼采的形而上学立场。这样，在海德格尔那里，尼采最终是一个没有思考存在本身，只是思考强力意志这一特殊存在者的最后一位形而上学家。尼采完成了柏拉图与亚里士多德开创的传统，并非超越了他们，而是"把存在即强力意志思考为永恒轮回，对哲学最艰难的思想作出思考，这意思就是说：把存在思考为时间。尼采思考了这个思想，不过，他还未曾把这个思想思考为关于存在和时间的问题。当柏拉图和亚里士多德把存在把握为在场状态之时，他们也思考了这个思想，但他们与尼采一样，也没有把它思考为这样一个问题"②。从柏拉图到尼采思考的都是存在者之真理，而没有思考存在本身之真理。

海德格尔从他的"存在之真理"出发，将尼采格言式、片断化的思想系统化为这样一个统一严整的概念体系，并将之定性为是以强力意志与永恒轮回为标志的对存在者的研究，最终将尼采哲学完全形而上学化。海德格尔的解释方法虽然在他封闭的解释框架内取得了巨大成功，但这种总体化方式同时也错失了尼采哲学固有的本质丰富性，他将尼采哲学中各种人类学、心理学与价值论要素囊括在形而上学的论题下。但后来的诸多尼采解释者并不接受海德格尔解释尼采的这种方法论程序，认为从尼采文本中并不能得出海德格尔对尼采的判定，一定程度上对尼采文本强加了一些不合理的限制。由此造成了"两个尼采"的现象。在这方面维尔纳·施特格迈尔（Werner Stegmaier）的观点颇具代表

---

① 海德格尔. 尼采[M]. 孙周兴译. 商务印书馆，2012：264。
② 海德格尔. 尼采[M]. 孙周兴译. 商务印书馆，2012：22。

性,"海德格尔以其系统化的做法也使尼采的著作失去自己的特性。这种特性已经为雅斯贝尔斯所认识,在战后则主要由法国哲学而得到彰显。尼采并不主张对所有人都应有有效的'理论学说',相反,按照他在《道德的谱系》一书作为中心思想提出来的一个句子,即所谓'形式是流变的,而意义更是流变的……',尼采会认为,他的哲学写作形式是流变的,而他的哲学思考的意义更是流变的。在他的哲学写作中,尼采忌用教材式著作,避免经典理论式的论著写法,而是尝试与其他伟大哲学家完全不同的多样形式——随笔、警句、格言、格言集、散文诗、歌曲、论战文章,以及各种混合形式;尼采也有经典的理论的哲学语言,但同样也与其他哲学家不同,运用了一种让人过目难忘的精辟比喻,并且为此几乎完全放弃了一种专门术语。对'上帝之死''虚无主义''权力意志''重估一切价值''相同者的永恒轮回'等'措词',海德格尔视之为某种系统化的形而上学学说的术语,而尼采本人则把它们看作'强大的反概念'、攻击性的批判性的概念,正如他自己记录的那样,他'必需'拥有这些概念的'光度'(Leuchtkraft),'方得以向下照亮那个一直被叫作道德的轻浮和谎言的深渊'"①。当然,面对诸如对尼采哲学武断地体系化、对意志概念的错误理解,以及对尼采其他哲学主题的教条式还原等问题的指责,海德格尔认为他们只是门外汉,并自始至终坚持这种方法论程序的还原论结果。"海德格尔从来不认为自己受到公认阐释方法及其准则的限制。相反,海德格尔明确地谈到了一种'强暴'(Gewaltsamkeit)……我们或许应该把这种强暴看作思想的强暴,即某种思想的强暴,这种思想充分体会文本,从而使文本向思想敞开,使文本

① 维尔纳·施特格迈尔(Werner Stegmaier).《海德格尔之后的尼采》,载阿尔弗雷德·登克尔等编,《海德格尔与尼采》,孙周兴、赵千帆等译. 商务印书馆,2015 年,第398 页。

解放成为思想,而不是简单地把文本还原为一种了无生气的阐释套路。"①但无论如何,将思想跳跃性、分散性的"尼采"解释为思想统一性、严整性的"尼采"这一做法,既是海德格尔尼采解释的成功之处,也是他多遭诟病之处。作为阅读者来说,我们需要注意的是在这"两个尼采"思想张力下来理解真实的尼采本身。

第二节　海德格尔的尼采讲座与《尼采》之比较

当我们说,海德格尔将他 20 世纪 30—40 年代关于尼采的讲座与文章于 1961 年集结为两卷本的《尼采》出版时,人们很自然地会认为,《尼采》就是他在 1936 年至 1944 年所做的一些讲座与所写的一些文章,只是集结成书而已。其实不然,这是两个完全不同的"尼采"。这里所说的"两个尼采"具体是指海德格尔 20 世纪 30、40 年代的尼采讲座与他 1961 年的《尼采》两个文本之间存在着很大差异。海德格尔经常将他的哲学思考比喻为一条道路,这一点也同样适用于他的尼采解释,正如他在《尼采》前言中所说的,"总体上看,本书意在审视作者从 1930 年以来直至'关于人道主义的书信'(发表于 1947 年)所走过的思想道路"②。海德格尔的意思是,这是一条他在 20 世纪 30、40 年代主要以尼采讲座所体现出来的思想道路,而这条道路呈现于他 1961 年出版的《尼采》中。但事实并非如此,即《尼采》并未如实呈现海德格尔 30、40年代尼采讲座的内容,而是做出了很大的改动。而这里的"改动"不是指海德格尔出于书面出版需要将当时口头演讲的内容所做

---

① 贾弗里·L. 鲍威尔(Jeffrey L. Powell).《马丁·海德格尔思想道路上的尼采讲座》,载阿尔弗雷德·登克尔等编,《海德格尔与尼采》,孙周兴、赵千帆等译. 商务印书馆,2015 年,第 149 页。

② 海德格尔. 尼采[M]. 孙周兴译. 商务印书馆,2012:2。

的类似于句子调整、引文更正、书目说明等方面无关紧要的文体改动,而是那些特别说明海德格尔动机的文本改动,即对当时的讲座手稿有目的的事后简化、替换与补充。

如前文所述,《尼采》包括海德格尔早期的五个讲座与1940—1946年间关于尼采的其他文本,另外还增加了一篇与这部皇皇巨著形成强烈反差的简短前言。虽然在前言中海德格尔说明了对当时讲座的细微改动,"对于讲座文本,作者删去了一些常见的语气虚词,化解了一些复杂的句子,模糊不清处作了说明,错讹处作了更正"①。但事实上《尼采》与早期讲座内容之间存在一些重要的差别。我们在第一章"海德格尔的尼采阐释之路"中曾作过详细论述,即海德格尔对尼采哲学的立场并不是一贯的,而是复杂曲折的,经历了一个"肯定—批判与拯救—拒绝—开放与妥协"的过程。这既有他本人思想转向的原因,也有外在社会历史环境的影响。从外部环境来说,1934年政治介入的失败使海德格尔由原来的完全肯定尼采转向对尼采的批判,这在他1935年写就的《形而上学之克服》中表现出来;1939年希特勒闪击波兰,第二次世界大战全面爆发,海德格尔以令人窒息的方式将尼采正式归入形而上学的行列,这在他1940年写就的《尼采的形而上学》中表现出来;1943年,德国在苏联的斯大林格勒保卫战中遭到重创,整个德意志笼罩在行将灭亡的恐惧之中,海德格尔也以哲学的形式宣告了国家社会主义对抗欧洲虚无主义的彻底失败,这表现在他1944年写就的《由存在历史所规定的形而上学》中,类似于"尼采无能于""尼采不能"的表达在此文中比比皆是,表现出了对尼采哲学的完全拒绝态度;到了50年代,战争阴云已经散去,海德格尔对尼采又有了新的认识,表现出对尼采的开放与妥协的态度,这在他1953年的《谁是尼采的查拉图斯特拉?》中表现出来。以上种

---

① 海德格尔.尼采[M].孙周兴译.商务印书馆,2012:2。

种社会历史背景充分体现在当时海德格尔的尼采讲座中。但在
《尼采》中这些背景某种程度上都做了隐匿或弱化，而使海德格尔
对尼采的阅读变成了一个纯粹的思想事件。于是，在海德格尔那
里便呈现出了"两个尼采"的情况。

　　在这方面巴姆巴赫的著作《海德格尔的根——尼采、国家社
会主义与希腊人》和梅耶的《没有离题的思想道路——海德格尔
的尼采讲座与1961年〈尼采〉书之比较》一文提供了非常详实且
富有启发性的论述。巴姆巴赫建议应该在国家社会主义背景下
来解读海德格尔最初的尼采讲座，并认为海德格尔关于尼采的诸
多论题，不单单是哲学范围内的论题，也是政治方面的论题，要在
海德格尔所处的历史背景下来看待他的尼采解释。他阐述了海
德格尔是如何把讲座的内容演变为《尼采》的内容的，"通过以非
历史的方式整理手稿，略去那些可能使人不快的棘手的段落，以
一种政治正确的眼光进行修改，并置或改动上下文，海德格尔对
他自己政治上的参与和观点策划了一场野蛮而又成功的'掩
盖'"①。在他看来，海德格尔既主导了研究者解释《尼采》的方式，
也主导了读者理解尼采的方式。巴姆巴赫在一处注释中还具体
列举了这种改动行为："仅举一例，海德格尔1937年夏季学期的
讲座在描述斯宾格勒的一个主题时，使用了'Kultur-Rasse（文
化—种族）'一词，GA44：106。在1961年版本中，海德格尔将它
改成了'Kultur（文化）'，N3：101/N1：360。这些小改动比比皆
是；将它们合在一起来看，它们就构成了一种有意的政治净化行
为。"②类似的行为还有如海德格尔删除了批评"民主"的一些段
落，省略了曾提及他校长就职演说的内容。

____

① 巴姆巴赫.海德格尔的根——尼采，国家社会主义和希腊人[M].张志和译.
上海书店出版社，2007：371。
② 巴姆巴赫.海德格尔的根——尼采，国家社会主义和希腊人[M].张志和译.
上海书店出版社，2007：379。

　　我们看到，在《尼采》中，海德格尔将 30—40 年代的讲座内容仅仅表达为自己的存在历史之思与尼采哲学的对峙，进而与整个形而上学史的对峙，这种对峙是一种只涉及思想结构与哲学问题本身的超历史性对峙，这样就可以使读者忽视这些讲座本身实际进行时所处的政治、历史环境。海德格尔对 30—40 年代的讲座与文章进行了简化，把原本围绕尼采进行的一场错综复杂的复合主题还原成一种纯粹哲学范围内的争论。正如他在《尼采》前言中不厌其烦地重复的，讲座的任务就是与尼采哲学实行一种思想的争辩，这种争辩只与"思想的实事"有关，他只想以纯粹逻辑的形式而非时间的形式将尼采看作西方最后一位形而上学家。所以，当我们阅读《尼采》文本时，有时会真切地感受到海德格尔一些论证语言有些过于抽象与突兀。这正是由于我们已经脱离了海德格尔当时讲授尼采时所指涉的人与事，而这些人与事，即这些具体的、活生生的历史背景已经被海德格尔在《尼采》中做了净化处理。

　　同时，我们也会看到，在《尼采》中海德格尔有意无意地放弃了索引、脚注以及一些与当时的历史背景有关的信息。这使读者们忽略了历史的参照点，把注意力只放在海德格尔所说的思想本身的事情上，而引导读者对《尼采》进行一种非历史式的解读。细心的读者会发现，在长达百万字的《尼采》巨著中，海德格尔除了在第一个尼采讲座《作为艺术的强力意志》的开篇提到了当时的大哲学家雅斯贝尔斯与当时的纳粹宣传理论家贝姆勒外，他没有提到任何其他与当时的尼采研究有关的人物与成果，甚至连他的学生洛维特的重要著作《尼采相同者的永恒轮回学说》都没有提，这本著作于 1935 年出版，且影响巨大，而他的讲座则是一年以后的事情。因为如果这些现实的文化背景涉及过多，无疑会增加这些讲座本身所处的历史境况，这可能是海德格尔不想看到的。

　　海德格尔的意图是，仅仅以那些伟大哲学家为背景，让人们以单纯的思想结构的方式来看待他的作品，而不要把它置于任何具体的历史条件下。海德格尔将尼采置于和柏拉图、亚里士多德、康德、黑格尔、笛卡尔和莱布尼兹这些伟大哲学家长达几千年之久的哲学争论之中,这使读者感受到他的哲学主题只与"思想的实事"相关,他与尼采只是纯粹哲学范围内的争论。这样便可以从各种不同的视角诸如强力意志、永恒轮回、虚无主义对尼采展开论述。这样,海德格尔通过对 30—40 年代的讲稿以整理手稿的名义进行一种省略与删除的处理,将它们置于纯粹无时间性的哲学与逻辑的分析背景之下,从而委婉地告知读者,这些讲座与当时的历史背景没有多大关系,他完全是出于纯粹的哲学目的,而非其他的政治意图,从而不经意间隐藏了他当时投身国家社会主义运动时期错综复杂的思想纠缠。因此,海德格尔 1961 年的《尼采》与他 30—40 年代的尼采讲座在内容上存在着很大的差异,这一差异充分体现了海德格尔的学术动机。

在这方面,卡特琳·梅耶(Katrin Meyer)在《没有离题的思想道路——海德格尔的尼采讲座与 1961 年〈尼采〉书之比较》一文中则给出了更加充分的论据①。梅耶认为,海德格尔通过内容简化、布局的修改、术语的澄清、主题的限定等多种方式使他早期讲座中所呈现的思想的多样性、开放性与复杂性最终演变为 1961 年《尼采》中严整而封闭的统一体,而海德格尔做出此种修改的主要意图是"使讲座的历史语境退入背景。这样,海德格尔就使错路、弯路和偏路消失不见了,这些路事实上标示着海德格尔的思

---

① 卡特琳·梅耶(Katrin Meyer)在《没有离题的思想道路——海德格尔的尼采讲座与 1961 年〈尼采〉书之比较》中将海德格尔的《尼采》(1961 年)与他 20 世纪 30、40 年代的尼采讲座进行了细致入微的对比。梅耶认为海德格尔的《尼采》消除了讲座的历史背景,使其呈现为一个统一的整体,敉平了讲座中尼采解释的内容差异,弱化了当时对尼采的较强解读,删除了一些与时代相关的论战性评论,特别是关于基督教与民主政治的批判内容。基于以上对比,卡特琳·梅耶认为这样便使海德格尔的尼采解释之路显得更加严整。参看,阿尔弗雷德·登克尔编,《海德格尔与尼采》,孙周兴、赵千帆等译. 商务印书馆,2015 年,第 166 - 200 页。以下论述参考了本书的部分内容。

想,并且经常指向不同的方向;他也藉此将自己的'思想道路'从扰人的思想生成物中摆脱了出来"①。

梅耶认为,海德格尔对 1936 年至 1937 年间的两个尼采讲座进行了简化,表现为对《全集》第 43 卷第 190 页至 193 页的缩写。在这些段落中海德格尔解释了尼采对虚无主义与艺术的理解。海德格尔将尼采的艺术观描述为一种克服虚无主义的可能根据,赞同尼采对当时欧洲民主政治的批判。然而在《尼采》中几乎被全部删除了。珀格勒认为,海德格尔想通过这种删除来掩盖这一事实,即是尼采将他引向了国家社会主义,因为后来海德格尔恰恰是以批判尼采的形式来批判国家社会主义。这样,就将海德格尔语气强烈的早期尼采解释替换为后来带有距离的尼采解释,从而大大降低了他早期与尼采的接近。通过这些简化,海德格尔去除了尼采阅读与他自身思想的关联,而他的《哲学论稿》探讨的正是这一思想内容②。

梅耶还指出了海德格尔对 1937 年虚无主义讲座进行了简化,删除了《海德格尔全集》第 44 卷第 183 页至 194 页的内容,代之以《尼采》下卷"欧洲虚无主义"与"尼采的形而上学"的内容,认为这一替换"起到了在事后消除海德格尔(早期)所作的虚无主义解释之歧义并在整个系列讲座的语境中统一主旨的作用"③。在 1936 年至 1937 年的讲座即《全集》第 44 卷 231 页至 232 页中,海德格尔两次

---

① 卡特琳·梅耶(Katrin Meyer).《没有离题的思想道路——海德格尔的尼采讲座与 1961 年〈尼采〉书之比较》,载阿尔弗雷德·登克尔等编,《海德格尔与尼采》,孙周兴、赵千帆等译.商务印书馆,2015 年,第 167 页。

② 有关尼采讲座与《哲学论稿》之间的关系,可参看 Wolfgang Muller-Lauter. Heidegger und Nietzsche. Nietzsche-InterpretationenIII, ss. 199 - 230; Harald Seubert. Zwischen Erstem und Anderem Anfang. Heideggers Auseinandersetzung mit Nietzsche und die Sache Seines Denkens, Koln/Weimar/Wien 2000。

③ 卡特琳·梅耶(Katrin Meyer).《没有离题的思想道路——海德格尔的尼采讲座与 1961 年〈尼采〉书之比较》,载阿尔弗雷德·登克尔等编,《海德格尔与尼采》,孙周兴、赵千帆等译.商务印书馆,2015 年,第 176 页。

正面论及《存在与时间》,但这些指引在《尼采》中均被删除。这说明直到 1937 年海德格尔仍受《存在与时间》的影响,而这种删减使这种思想关联变得模糊不清了。这样,"一种与作品形成过程相关的信息因此而消失了,这则信息尤其关乎海德格尔的转向问题和他自 30 年代早期以来可能的转离《存在与时间》的时间点问题"[①]。

上文提到,海德格尔在第一个讲座《作为艺术的强力意志》中与同时代尼采研究者的直接或间接论战均被删除了,如删除了与阿尔弗雷德·博伊姆勒(Alfred Baeumler)和卡尔·雅斯贝尔斯(Karl Jaspers)的两处论战性评论,而是采取更为简短与缓和的语气。"这种简化在事实上都使得海德格尔与同时代哲学相对而立的姿态在 1961 年的版本中变得远为模糊不清了。"[②]这便使原来具有历史情境的讲座更具整体感与统一性。这样,"对思想道路进行'历史'记录的要求由此在 1961 年的版本中让位给了'系统性的'要求"[③]。同时,海德格尔在《尼采》的开篇几节就阐明了哲学的"主导问题"和"基础问题",但在当初的讲座中这一问题并不是以如此明朗的方式呈现出来,它是海德格尔在第一个尼采讲座中逐渐发展出来的一对概念,而海德格尔在《尼采》中却隐去了这个逐渐澄清的历史过程,而将其变成了一个逻辑的问题[④]。

---

① 卡特琳·梅耶(Katrin Meyer).《没有离题的思想道路——海德格尔的尼采讲座与 1961 年〈尼采〉书之比较》,载阿尔弗雷德·登克尔等编,《海德格尔与尼采》,孙周兴、赵千帆等译. 商务印书馆,2015 年,第 177 页。

② 卡特琳·梅耶(Katrin Meyer).《没有离题的思想道路——海德格尔的尼采讲座与 1961 年〈尼采〉书之比较》,载阿尔弗雷德·登克尔等编,《海德格尔与尼采》,孙周兴、赵千帆等译. 商务印书馆,2015 年,第 180 页。

③ 卡特琳·梅耶(Katrin Meyer).《没有离题的思想道路——海德格尔的尼采讲座与 1961 年〈尼采〉书之比较》,载阿尔弗雷德·登克尔等编,《海德格尔与尼采》,孙周兴、赵千帆等译. 商务印书馆,2015 年,第 184 页。

④ 卡特琳·梅耶(Katrin Meyer).《没有离题的思想道路——海德格尔的尼采讲座与 1961 年〈尼采〉书之比较》,载阿尔弗雷德·登克尔等编,《海德格尔与尼采》,孙周兴、赵千帆等译. 商务印书馆,2015 年,第 185 - 187 页。

　　这些文本改动可以视为是海德格尔对他自己思想道路的重新塑造。珀格勒也认为当海德格尔根据存在问题而不是根据文化批判解读尼采时,他的尼采解释是全新的。与《尼采》相比,海德格尔的早期讲座更倾向于对尼采文化批判的接受,并使自己与时代形成一种论战的距离。但通过对讲座中系统性漏洞、断裂和矛盾的删改,海德格尔使自己思想道路发展的重要方面隐匿不见了,从事后的视角看其争辩之敞开与道路方向的不可预见性也消失了。虽然海德格尔早期的两个尼采讲座更明显地接近尼采思想,但在《尼采》中他顺势掩盖了这种明显的认同,并防止了明显的矛盾。以海德格尔在 1938 年至 1939 年开设的讨论课《解读尼采第二个不合时宜的考察》(《海德格尔全集》第 46 卷)为例来说明这种情况,这部分内容并没有收入《尼采》,这是海德格尔对尼采《论历史对于生命的利弊》一文的解释。珀格勒认为,这个讲座没有被收入《尼采》是因为它遵循另一个主题,"海德格尔的这个讲座虽然形成了打印稿,但还是被他排除在 1961 年的《尼采》之外,他的解释是这个讲座与其尼采讲座不同,它遵循另一个更早的主题设定"①。海德格尔的意思是这次讲座关注的是尼采的早期著作,而其他讲座涉及的是后期尼采。这说明了海德格尔早期解释尼采的尝试失败了,这也从侧面印证了海德格尔 1938 年的精神危机是与尼采有关的②。显然,海德格尔有意将之排除在《尼采》之外,是为了使自己的思想道路变得比曾经所是的样子更加笔直,也更少歧义。

　　虽然海德格尔将《尼采》视为他的思想道路,但我们更愿意将其视为一种"文本的再生产"③。因为在解读尼采时海德格尔总是

---

① Otto Pöggeler. Friedrich Nietzsche und Martin Heidegger, München, s. 9.

② Wolfgang Müller-Lauter. *Heidegger und Nietzsche*. Nietzsche Interpretationen ⅠⅠⅠ, ss. 16 - 20.

③ David Wittenberrg. *Philosophy*, *Revision*, *Critique*. *Rereading Practices in Heidegger*, *Nietzsche*,*and Emerson*. Stanford, 2001, p. 6.

重复尼采的同一个文本或同一句格言,并认定重复"乃是为了一再重新去深思若干规定着整体的思想"①。这样,思想就不再表现为朝向某一目标的发展,而是表现为对同一个问题的紧张沉思,使其成为一个整全的真理事件,而思想内在的回转、中断、差异、矛盾便消失了。"当海德格尔有目的地'注销'早期解释并用后期解释来代替早期的时候,他就不仅隐瞒了其思想在事实上取得了'发展',而且还排除了'在解释学上'更敞开地去构想思想的重要性并使其脱离某种强调的真理理解的可能性。"②因此,《尼采》并未保留海德格尔思想发展道路的痕迹,而表现为一种集中的沉思,由此隐去了当时讲座的社会历史语境。当然,当我们指出海德格尔那里"两个尼采"的现象时,并不意味着我们就此否定海德格尔尼采解释这一思想事件的重大意义,而旨在呈现人们在阅读《尼采》时本应具有的一个真实维度。

我们对以上两个问题的讨论,并不是弱化甚至否定海德格尔尼采解释的重大意义,只是进一步厘清与夯实海德格尔尼采解释的理论背景,从而达到更全面理解这一重要思想事件的目的。由此我们认为,海德格尔尼采解释的重大意义不仅在于它提供了一个全新的尼采形象,更在于激发了人们对"真实的尼采"这一问题的持久讨论。面对尼采后的 20 世纪、乃至 21 世纪,我们清楚而惊讶地看到,尼采所预见的金发野兽、地球统治权的斗争、大地的荒芜等这些事实在科技—人类文明的诱人口号下高歌猛进,人类生存在一个毫无神性的世界之中,对自然予取予求,已然将地球当作随意控制、干涉与利用的对象,其结果便是资源的匮乏与生态的破坏,人类生存环境的恶化与人类生存前景的渺茫。而这些

---

① 　海德格尔.尼采[M].孙周兴译.商务印书馆,2012:2.

② 　卡特琳·梅耶(Katrin Meyer).《没有离题的思想道路——海德格尔的尼采讲座与1961年〈尼采〉书之比较》,载阿尔弗雷德·登克尔等编,《海德格尔与尼采》,孙周兴、赵千帆等译.商务印书馆,2015年,第191页。

正是海德格尔所判定的尼采强力意志形而上学的结果，即它是形而上学的最后完成，实现了存在的最大遗忘。海德格尔对尼采先知式的哲学判定在现实中不断上演，这从更坚实的现实层面证明了海德格尔尼采解释的合理性。由此看来，我们最好不将海德格尔的尼采解释视为一种决定意义的评注，而将其视为一种尝试，即尝试揭示尼采"未被思考的东西"（Ungedachte）。因此，我们既要承认海德格尔尼采解释的合理性，又要承认质疑这种解释的合理性，因为这种承认双重合理性的对话机制才是整个人类文化得以生生不息的本质要素。

第九章　从谱系学到现象学：现代哲学视域下的尼采与海德格尔

如在《尼采》开篇所言,海德格尔将他对尼采的阅读视为与尼采的争辩,即在对立中寻求认同,在认同中找寻差异。但通过对海德格尔尼采阅读的检视,我们发现其中更显明地、更多地表达的则是海德格尔与尼采对立性的一面,而他所表达的对尼采哲学的明确认同却少得多。但如果在现代西方哲学的广阔视野下来审视海德格尔与尼采的哲学关切的话,我们便会发现二者存在着更为明显的趋同性与融合性,从而体现了现代西方哲学问题旨趣的一脉相承性。阿德·费尔布鲁格(Ad Verbrugge)便看到了二者思想关切的相通性,认为二者都"在虚无主义的经验中来追问历史……都反对积极的、目的论的现代化图式,并更多地将其自身的时代经验为一种问题"①。具体来说,两位思想家都对人类中

---

① 阿德·费尔布鲁格(Ad Verbrugge).《西方的返乡——斯宾格勒和海德格尔思想中的尼采与虚无主义历史》,载阿尔弗雷德·登克尔编,《海德格尔与尼采》,孙周兴、赵千帆等译. 商务印书馆,2015 年,第 279 页。另外,作者在该文中认为,海德格尔对虚无主义的认识深受斯宾格勒《西方的没落》的影响。请参见,《海德格尔与尼采》,第 279 - 296 页。

心主义、理性主体以及确定性准则持强烈的批判态度；两者都重
新发现了希腊以及对柏拉图主义的拒斥，尽管海德格尔同样将
尼采视为柏拉图主义者；两者都对作为时间特殊环节的瞬间
（Augenblick）给予特别关注，在尼采那里，作为关键点的正午，
过去与未来在其中相互碰撞，从而导向对永恒轮回的思考；在海
德格尔那里，《存在与时间》第 68 节则对其给出了明确的回应。
所以，如果我们跳出海德格尔的解释框架，从尼采文本出发，我
们便会揭示出尼采与海德格尔的相通性，甚至尼采对海德格尔
的超越性。"倘若人们把尼采对西方形而上学的完成更多地理
解为一种对可见世界的批判，同时也是对形而上学的观念世界
或者虚幻世界的批判（通过对主体或者人文主义的批判，海德格
尔与尼采在这个批判上是一致的），而不是理解为一种新的形而
上学，那么，我们将发现一个尼采，他超越了对哲学概念和思想
概念所做的那种要么是存在者状态上的（optische）要么是存
在—逻辑学上的（onto-logischen）思想所包含的那些要求与概
念。这个超越了海德格尔的和当今大部分阐释的尼采还总是有
待揭示。"①由此可以看出，这个有待揭示的尼采形象可能并不是
海德格尔所说的形而上学的完成者。诚如罗森所言，"无疑，本世
纪对尼采最有影响的解释来自海德格尔——根据他的观点，尼采
是一个形而上学论者：最后一个建立西方形而上学的柏拉图主义
者。我们的观点，恰恰与之相反。……尼采与柏拉图都不是柏拉
图主义者"②。

---

① 芭比特·E. 巴比奇（Babette E. Babich）.《尼采和海德格尔那里的诗歌、爱欲
与思想——尼采研究视野中的海德格尔之尼采阐释》，载阿尔弗雷德·登克尔等编，
《海德格尔与尼采》，孙周兴、赵千帆等译. 商务印书馆，2015年，第 323 页。
② 罗森. 诗与哲学之争——从柏拉图到尼采、海德格尔［M］. 张辉译. 华夏出版
社，2004：192。

第一节　尼采的形而上学批判

从以上论述我们可以清楚地知道,对于尼采哲学,海德格尔与后现代主义者给出了两种截然相反的解释,但在某种程度上二者都有先入之见的明显痕迹,都是为了达到"六经注我"的目的。如果我们真正面对尼采思想本身的话,我们会发现,尼采哲学既不是海德格尔所说的"主体性形而上学"(die Metaphysik der Subjektivität),也不是后现代哲学所说的完全消解了主体性的问题。实际上是一种抛弃了主体的主体性哲学,吴增定先生将其称为"没有主体的主体性","用'没有主体的主体性'(Subjectivity without the Subject)来概括尼采的哲学,尤其是他的后期哲学,同样是合适的,甚至或许更合适"①。笔者认为,这是一种真正面对尼采文本,忠实于尼采文本,没有强烈理论预设的解释思路,因而,也比海德格尔与后现代主义者更接近于真实的尼采。

众所周知,主体性哲学是笛卡尔以来的现代西方哲学传统,所谓主体性是指人凭借理性或自我意识而成为自由主体,并由此理解与建构整个世界,它是一切知识与道德的先验基础。这一主体性哲学在 20 世纪首先遭到了尼采的激烈批判。但在海德格尔看来,尼采恰恰是主体形而上学的最终完成,他的强力意志哲学仍然是对存在者的研究,因此仍然是对存在的遗忘。而后现代主义者则与海德格尔的观点截然相反,认为尼采哲学恰恰不是现代主体形而上学的完成者,而是主体形而上学的终结者,在这一点上,尼采比海德格尔更加彻底。但事实上,他们都将尼采哲学视

---

① 吴增定.没有主体的主体性——理解尼采后期哲学的一种新尝试[J].哲学研究,2019(5):103。

为开辟自己思想道路的工具与手段,而非目的本身,即都没有正视尼采哲学本身,而只专注于尼采如何为自己的思想道路服务。"尼采的哲学既非如海德格尔所理解和批评的那样,是一种所谓的'主体性形而上学',也不是像后现代主义哲学家所说的那样完全消解了主体性问题,而是一种非常独特的主体性哲学。"①如果我们回到尼采的文本,特别是不像海德格尔那样只专注于尼采《强力意志》唯一文本的话,那么我们更会认同上述论断的合理性。

早在《人性的、太人性的》中尼采即开始批判柏拉图以来的形而上学传统。他认为,形而上学是人类中心主义的结果,是一种"人性的、太人性的"偏见,它将人的情感、意志、欲望投射到这个偶然、变化的世界上,认为存在永恒不变的实体②。而在中后期作品中尼采对传统形而上学的批判更加激进,同时也开始批判现代哲学的"主体"概念。在《查拉图斯特拉如是说》中尼采说,"身体是一种伟大的理性,一种具有单一意义的杂多,一种战争和一种和平,一个牧群和一个牧人。我的兄弟啊,甚至你的小小理性,你所谓的'精神',也是你的身体的工具,你的伟大理性的一个小小工具和玩具。你说'自我',而且以此字眼为骄傲。但你不愿意相信的更伟大的东西,乃是你的身体及其伟大理性:它不是说自我,而是做自我。感官所感受的东西,精神所认识的东西,就自身而言是从来没有终点的。但感官和精神想要说服你,使你相信它们是万物的终点:它们就是这样的自负。感官和精神乃是工具和玩具;在它们背后还有自身。这个自身也以感官的眼睛寻找,也以精神的耳朵倾听。这个自身总是倾听和寻找:它进行比较、强制、

①　吴增定. 没有主体的主体性——理解尼采后期哲学的一种新尝试[J]. 哲学研究,2019(5):104。

②　尼采. 人性的、太人性的[M]. 魏育青译. 华东师范大学出版社,2008:31 - 39。

征服、摧毁。它统治着,也是自我的统治者"①。在这里尼采对"自身"(das Selbst)与"自我"(das Ich)作了明确的区分,前者是大理性(grosse Vernunft),后者只是前者派生的小理性(kleine Vernunft),只是前者的玩具与手段。而这个"自身"即是传统形而上学一直压制的身体(Leib)或本能,即尼采所说的强力意志。

尼采在《善恶的彼岸》中将"自我"视为现代形而上学的偏见,它源于基督教的"灵魂原子论"(Seelen-Atomistik),"它把灵魂当作某种抹杀不掉的东西、永恒之物、不可分之物,当作单子(Monad)和原子(Atomon)"②。以笛卡尔为代表的现代哲学家虽然抛弃了基督教的彼岸世界,却保留了"灵魂原子论"的精神实质,它即是自我或主体。尼采认为,笛卡尔的"我思"(Ich denke)是一系列形而上学预设以及日常语言与语法习惯导致的结果,它认为在"我思"中主词"我"意指的东西是谓词"思"意指的东西的前提,即"思乃是一项活动,每一项活动都可归于一个活动者,由此可知"③。在尼采看来,"我思"表达的事实并非作为主体的"我"引发了思考活动,而是思考活动本身的思。不是"我思"(Ich denke),而是"它思"(Es denkt)。思考活动即是一切,并没有作为思考者的"我"隐藏在思考活动背后。同样,传统形而上学所追求的真理也只不过是强力意志的创造。"使一切存在者都变得可思考",并把他们的意志和善恶价值"置于生成之河流上"。④ "什么是真理? 一群活动的隐喻、转喻和拟人法,也就是一大堆已经被诗意地和修辞地强化、转移和修饰的人类关系,它们在长时间使用后,对一个民族来说已经成为固定的、信条化的和有约束力的。真理是我们已经忘掉其为幻想的幻想,是用旧了的耗尽了感觉力

① 尼采.查拉图斯特拉如是说[M].孙周兴译.上海人民出版社,2009:33-34。
② 尼采.善恶的彼岸[M].赵千帆译.商务印书馆,2015:25。
③ 尼采.善恶的彼岸[M].赵千帆译.商务印书馆,2015:31。
④ 尼采.查拉图斯特拉如是说[M].孙周兴译.上海人民出版社,2009:144。

的隐喻,是磨光了压花现在不再被当作硬币而只被当作金属的硬币。"①

尼采在《论道德的谱系》中也将"主体"视为对语言的误用,"语言的诱导把一切作用理解和误解为受着某个作用者、由某个'主体'的制约"②。而这源于人们的偏见,这就像人们总是倾向于把闪电与它的光区分开来一样,总是把闪电视为不变的主体,而将闪电的光视为主体的作用。"可是没有这样一个基底;在行为、作用、生成后面没有'存在';'行为者'仅仅是因为那个行为才被追加撰述出来的,——行为是一切。"③吴增定先生在《没有主体的主体性——理解尼采后期哲学的一种新尝试》一文中归纳出了尼采对形而上学主体概念批判的三个方面内容,并明确指出了尼采哲学超越主体性哲学的根本所在:"首先,'主体'是来自语言的误用,也就是说,人们不仅将'主词'和'谓词'语法结构错误地应用于语言之外的实在,而且认为一切'谓词'对象都预设了'主词'对象(即'主体')并受后者决定,一切行动的背后都有一个作为主体的行为动因。其次,人的所谓心理世界本身包含了无限多的本能、欲望、情感、意志活动或行动,其背后并没有一个统一的'主体'、'自我'或'我思'等之类的形而上学实体或本体,后者不过是一种'民众偏见'或'民众道德'的产物。最后,所谓的主体、自我或我思等不过是身体或身体本能的工具,它是从后者中抽象出来的,甚至是对后者的简化、扭曲和伪造。在尼采看来,这种'前主体'或'前自我'的身体或身体本能正是权力意志。"④所以我们看到,尼采对传统形而上学的实体与主体概念持强烈的批判态度,

---

① 尼采. 哲学与真理[M]. 田立年译. 上海社会科学院出版社,1993:106。
② 尼采. 论道德的谱系[M]. 赵千帆译. 商务印书馆,2016:41。
③ 尼采. 论道德的谱系[M]. 赵千帆译. 商务印书馆,2016:41。
④ 吴增定. 没有主体的主体性——理解尼采后期哲学的一种新尝试[J]. 哲学研究,2019(5):103。

他也没有将强力意志视为一种实体或主体。因此,在此意义上,尼采哲学并不像海德格尔所言是形而上学的最后完成,而是对传统形而上学的颠覆。由此看来,即使我们不说海德格尔的尼采解释有些牵强,但至少来说海德格尔的解释不是理解尼采的唯一方式。

但尼采哲学也并非如后现代主义者所说的完全消解了主体形而上学,而毋宁说尼采哲学是一种独特的主体性哲学,这种主体性不是我思或自我,而是前反思的生命本能、欲望,即强力意志的自发性、主动性、扩张性与释放性。在尼采看来,只有当强力意志受阻的时候,它才指向自身,否定自身,这种自我否定便是被动性(Passivität)、反应性(Reaktivität),是一种怨恨(Ressentiment),而主体是作为主体性的权力意志受阻后畸变的结果,而现代形而上学的我思或主体恰恰是"怨恨"的产物。尼采这种以强力意志为特征的独特的主体性哲学恰恰体现了这一哲学的非形而上学性。

第二节 尼采哲学的非形而上学性

如上所述,尼采否定了"主体"但没有否定"主体性"。在尼采那里,"强力意志"是指世间的一切存在者都是一种追求力量(Macht)的意志,它既是现象也是物自体,既是生成也是存在,既是多也是一。"这个从内部来看的世界,这个从它的'智识特征'来规定和标志的世界——它或许就是'权力意志',此外无它。"①强力意志的主体性即是它的主动性与自发性。强力不是意志之外的一个目标,也不是一个现成的存在者,而是内在于意志;同时,意志是追求强力的意志,是一种不断自我克服与提升的力量。

① 尼采.善恶的彼岸[M].赵千帆译.商务印书馆,2015:63.

它不是满足既定目标的生存意志或自我保存,二者都意味着强力意志的衰退①。强力意志不是一个实体,而是一个不断自我克服、提升、扩张的过程,既意指统一的世界又意指无限的个体,是一个对其他强力意志进行解释、简化与伪造的过程。"哦,神圣的单纯!(o sancta simplicitas!)人生活在多么奇特的简化和伪造当中啊!如果人们一开始就用自己的眼睛看过这件奇事,他们是不会惊奇个没完的!我们是怎样把自己周遭的一切弄得明亮、自由、轻易和简单的!我们是怎么知道,给我们的感官一张通行证,好让它们通向一切肤浅之物;我们是怎么知道,给我们的思考一份神圣的饥渴,让它做出种种故意的跳跃和错解!"②强力意志的主体性并非指它的实体性,而是具有动态意义的生成与关系,不是一种持存的实在,而是"总在途中"。同时这也意味着因强力的自我扩张性而必然追求更多的强力③。"凡在我发现生命的地方,我都发现了权力意志;即便在奴仆的意志中,我也发现了做主人的意志。弱者服役于强者,这是弱者的意志劝它这样做的,而弱者的意志意愿主宰更弱者:它不想放弃的只是这样一种快乐。"④任何强力意志都是对其他强力意志的征服,因此,强力意志的自我提升自然包含对其他强力意志之克服。"权力意志只能在对抗中表现出来;它要搜寻与自己对抗的东西。"⑤强力意志的这种生成性与冲突性特征体现于万物之中,包括自然、社会、国家、民族乃至个人以及个人心理之中。

尼采认为,哲学家都将意志视为一种单一实体,好像人的内

① 尼采.查拉图斯特拉如是说[M].孙周兴译.上海人民出版社,2009:146。
② 尼采.善恶的彼岸[M].赵千帆译.商务印书馆,2015:42。
③ Aydin. Nietzsche on Reality as Will to Power: Toward an Organization — Struggle Model, in *Journal of Nietzsche Studies* 33,2007, p. 26.
④ 尼采.查拉图斯特拉如是说[M].孙周兴译.上海人民出版社,2009:146。
⑤ 尼采.权力意志[M].孙周兴译.商务印书馆,2007:485-486。

心具有一种独立的意志能力,但意志活动本身是一个极为杂乱的复合之物、关系之物,它的单一性只呈现于我们的语言之中。"在每个意志中首先是一种感觉的杂多,也就是说,对离某处而去的状态的感觉,对自某处而来的状态的感觉,对这种'去'和'来'本身的感觉,然后还有一种相伴随的肌肉感觉,一旦我们有所'意愿',还不用我们将'胳膊和腿'推入运动,那种肌肉感便凭某种习惯而开始活动。"①日常语言的意志概念实际上是一个包含无数思想与感觉的复合体,它们中的每一个因素都试图征服其他因素或整个复合体。传统哲学所津津乐道的"意志自由"(Freiheit des Willens)只不过是复合体中的某一种思想占据统治地位,并体验这种征服的快乐:"我是自由的,'它'必须服从。"而事实上,复合体的其他因素一直处于反抗状态,我们只是忽视了这种状态,只是注意到这个占主导地位的思想,并以"自我"来命名。于是人们便误认为有一个单一的"自我",它能够自由行使属于自己的意志,进而支配自己的思想与感觉。这便是尼采运用谱系学方法对自由意志与自我等形而上学概念所做的分析。强力意志的主动性与自发性并非一种现成实体,而是一种自我扩张的力量。每一种强力意志的扩张性时刻与其他强力意志的抵抗与冲突相伴相生。所以,在尼采那里,强力意志是一种永远处于生成变化之中主体性,不是一个实体(Substanz),不是现象得以存在的一个根基,而充其量只是构成现象的阐释结构。"因此,作为一个内在的统一体,尼采的'权力意志'和'永恒轮回'学说并非如海德格尔所说是对存在的设定、控制和征服,更是同所谓的意志、价值或主体性形而上学等等毫不相干。"②

---

① 尼采. 善恶的彼岸[M]. 赵千帆译. 商务印书馆,2015:32-33。

② 吴增定. 尼采与"存在"问题——从海德格尔对尼采哲学的解读谈起[J]. 云南大学学报(社会科学版),2010(4):65。

尼采以谱系学方法追溯了"主体"概念的起源,认为它是强力意志受阻被内在化后的怨恨心理的结果,即尼采所说的"奴隶道德"。与之相对的是"主人道德",它是强力意志主动性(Aktivität)或自发性(Spontaneität)的体现,是强力意志的释放与扩张,是对自身与整个外部世界的肯定,并认为是"好的"。"所有高尚的道德都是从一声欢呼胜利的'肯定'中成长为自身。"①而奴隶道德则是强力意志自发性受阻的产物,于是内向于自身,进而对外在世界持否定态度,即通过否定主人达到肯定自身。"奴隶道德则从一开始就对着某个'外面'说不,对着某个'别处'或者某个'非自身'说不:这一声'不'就是他们的创造行动。"②在尼采看来,主人道德是权力意志主动、自发的本能行动(Aktion),肯定自身为"好";奴隶道德则是被动、反思的反应(Reaktion),将主人的"好"贬为"恶",将自身的"弱"肯定为"善"。奴隶道德起于怨恨心理,由此形成价值颠倒,即主人道德的"好与坏"颠倒为奴隶道德的"善与恶"。基于此,弱者便创造了主体与自由意志的概念,认为任何行动背后都有一个行动者,它具有自由意志,能够自由做出善或恶的行动,而事实是他们的强力意志不能自发释放而受阻。在弱者看来,他们不做强力的行为不是因为软弱而是因为拥有"自由意志"这样的主体。"这个种类的人出于某种自保自是的本能,迫切需要那种中立可选的'主体',每个谎言都惯于在那主体中把自己神圣化。"③唯有否定主人道德,创造出自由意志与主体等概念,奴隶方能自得地逃避现实,获得生存的希望。

因此,尼采的强力意志将主体概念从怨恨心理中解放出来,实现真正的自我肯定。主体性即强力意志的自发性,是本能的扩

---

①　尼采. 论道德的谱系[M]. 赵千帆译. 商务印书馆,2016:30。
②　尼采. 论道德的谱系[M]. 赵千帆译. 商务印书馆,2016:30。
③　尼采. 论道德的谱系[M]. 赵千帆译. 商务印书馆,2016:43。

张,主体则是对主体性的压制与否定。"尼采的哲学,尤其是他的后期哲学就有两个相关的任务:一方面,他要批评和解构之前的形而上学的主体概念,重估其价值;另一方面,他更是要将主体性从形而上学的'主体'概念的遮蔽和扭曲中解放出来,提出一种真正的主体性哲学,即一种'超善恶'(Jenseits von Gut und Böse)的'未来哲学'(Philosophie der Zukunft)。"①这即是说,真正的主体性是强力意志的自发性,尼采开启了一种没有主体的主体性哲学,一种超越传统形而上学的未来哲学。

第三节　尼采谱系学与现象学之相通性

在整个尼采讲座中,尽管海德格尔一次又一次将尼采置入传统形而上学的行列,并冠以最后一位形而上学家的名号,但从整个现代西方哲学理论旨趣的共同特征来看,尼采哲学与现象学具有诸多的相通性:它同样放弃了现象与本质的二元论立场,认为权力意志即是现象,是唯一的真实存在;权力意志具有意义赋予与意义创造的意向性本质,并且这种意义的创造具有时间性特征。在此意义上,尼采哲学可以说是一种现象学,甚至可以说是超越了现象学的理论视域。这表现为尼采的谱系学方法在某种程度上否定了现象学的"自明性"原则与对"起源"的追寻。在尼采看来,任何起源都具有历史性,都是强力意志自发性作用而偶然产生的结果。"尼采非但不是海德格尔所批判的那样是最后一位形而上学家,反而在海德格尔的思想转向中起了决定性的作用。无论是尼采对传统形而上学的批判、对现代主体性的解构,还是他对艺术与真理之关系

---

① 吴增定.没有主体的主体性——理解尼采后期哲学的一种新尝试[J].哲学研究,2019(5):104。

的辨析、对前苏格拉底悲剧哲学的肯定,都已经预示了海德格尔后期的很多思想要点。当然,对于海德格尔来说,尼采哲学的根本意义在于,他非但没有遗忘所谓的'存在问题',反而非常自觉和明确地将存在同人对存在的设定或信念区分开来。"①

　　从现象学创始人胡塞尔的角度来说,尼采哲学自然不是现象学。因为尼采对真理做了历史主义的理解,否定真理的绝对性,强调真理的历史性。同时,尼采对哲学采取自然主义的态度,将一切存在者视为强力意志的产物,而胡塞尔恰恰批判的就是重当下的历史主义态度和非悬搁的自然主义态度。在此意义上,尼采的哲学精神与胡塞尔作为严格科学的现象学精神是格格不入的。但几乎除胡塞尔之外的所有现象学家都不同程度上受到尼采哲学的影响,如海德格尔、萨特、舍勒、梅洛-庞蒂、亨利等。同时,尼采对人类生存经验的分析也类似于一种现象学的描述,符合"回到事实本身"的现象学精神。国内学者孙周兴先生与吴增定先生也都将尼采视为一位现象学家。如孙周兴在批判朗佩特将尼采"快乐的科学"阐释为语文学的同时,同意朗氏将这种语文学视为"阐释学"(hermeneutics)的观点。"朗佩特同时把他规定的尼采语文学解为'解释学'或'解释艺术/解释科学',还是十分机智地把他的尼采解释引入到后尼采的当代哲学主潮中了。这无论如何都是朗佩特的高明之处。在朗佩特那里,尼采的'快乐的科学'可以说是一种由语文学/解释学+心理学组成的'新哲学'——而我们倒是宁愿像萨弗兰斯基那样,称之为'现象学'。"②据孙周兴先生考证,"尼采本人并没有使用过'现象学'(Phän-omenologie)一词,但他使用了'现象论/现象主义'(Phaen-omenologismus)一

　　① 吴增定. 尼采与"存在"问题——从海德格尔对尼采哲学的解读谈起[J]. 云南大学学报(社会科学版),2010(4):65。
　　② 孙周兴. 尼采的科学批判——兼论尼采的现象学[J]. 世界哲学,2016(2):56。

词。"①并引证《快乐的科学》第五卷的第 354 节的内容,认为这一段落是"堪称'意识现象学'的一个经典段落。"②尼采在其中将"现象论"与"视角论"并举,即"真正的现象论和视角论",海德格尔将这种"视角论"理解为"境域论"。③ 而吴增定先生更是直截了当地说,"尼采的哲学不仅开启了 20 世纪现象学的先河,甚至它本身就已经是一种典型的现象学"④。

究竟什么是现象学? 在胡塞尔提出这一理论后直到现在仍是一个没有得到解决的问题,这充分体现了现象学运动的复杂性与分歧性,以致无法作出一个普遍定义,但我们仍能描述出它们的一些普遍共性。现象学的出现与 20 世纪初自然科学所导致的哲学危机密切相关。胡塞尔批判现代自然科学对人类生活经验的过度抽象,试图返回到原初的生活经验(lebendiges Erlebnis)⑤。"现象学所揭示出的现象或原初生活经验具有两个本质性的特征:首先是'意向性'(Intentionalität),其次是'境域'(Horizont)。"⑥这里的意向性意味着我们的原初生活经验不是一堆未经科学整理的混乱材料,而是一个体现于这种生活经验与世界具有意向相关性(intentionale Korrelation)的意义整体:原初生活经验赋予世界某种意义,世界也是被赋予的意义整体。二者具有共属一体性:原初生活经验总是指向一个世界,并非一个无世界的抽象主体;另一方面,世界也非纯粹自在之物,而是显现于原

---

① 孙周兴. 尼采的科学批判——兼论尼采的现象学[J]. 世界哲学,2016(2):56。
② 孙周兴. 尼采的科学批判——兼论尼采的现象学[J]. 世界哲学,2016(2):58。
③ 海德格尔. 尼采[M]. 孙周兴译. 商务印书馆,2002:595。
④ 吴增定. 从现象学到谱系学——尼采哲学的两重面相[J]. 哲学研究,2017(9):92。
⑤ 胡塞尔. 欧洲科学的危机与超越论的现象学[M]. 王炳文译. 商务印书馆,2005:64-69。
⑥ 吴增定. 从现象学到谱系学——尼采哲学的两重面相[J]. 哲学研究,2017(9):91。

初生活经验的意义世界。而这里所说的境域性特征即是时间性与历史性特征,即任何现实的生活经验都隐含着未来与过去的生活经验,任何当下的意义都指引着无限的可能意义。现象学的现象既是赋予意义的原初生活经验又是被构造出来的意义世界。

现象学批判现代自然科学对人类生存世界的抽象与简化,试图恢复原初的生活世界本身。一切存在者都是原初生活经验所显现的现象。在此我们看到了尼采与海德格尔以至于和整个现象学的相通性:尼采否弃了现象和本质的二元论区分,现象即是一切,现象之外没有本质,现象即是强力意志的创造,这与此在之生存相通;这种创造的过程即是意义赋予的过程,这与现象学的意向性学说密切相通;强力意志的意义创造过程具有源于生命之有限性的视角性特征,这与现象学生存的时间性与历史性的境域性特征密切相关。尼采对现象与本质的解构,使现象从传统哲学的压制中解放出来,后期尼采对传统哲学的"价值重估"(Umwertung)与胡塞尔现象学还原、海德格尔的存在论区分具有相通性。

在《悲剧的诞生》中,尼采继承叔本华的思想衣钵,仍然保留着传统形而上学现象与物自体的二元区分。在后者那里,生命意志即是物自体,而这种意志在世界的个体化即是现象。尼采将这种二元论立场运用于对希腊悲剧的理解。在其中,体现生命意志的狄奥尼索斯精神即是物自体,体现个体化原则的阿波罗精神即是现象,二者的共存造就了伟大的希腊艺术。而在其后的一些作品中尼采彻底放弃了这种二元论立场,认为它是一种人性的、太人性的虚构,只是把人的激情、欲望投射在事物上,所以尼采认为它"毫无例外都是狂热、谬误、自我欺骗"[①]。尼采还集中批判了传统形而上学的"物自体"概念,认为这一概念的产生是因为人们静

---

① 尼采.人性的,太人性的:一本献给自由精神的书[M].魏育青译.华东师范大学出版,2008:25。

止看待现象世界的结果,而这个世界却始终处于生成变化的过程中,永不完结。所以由此推论出一个最终原因是荒谬的。"哲人习惯于将自己置于生活和经验——即他们称作现象(Erscheinung)世界的东西——之前,如同站到一幅一劳永逸地展开、一成不变地描绘同一事件的画之前。他们认为:只有正确解释这一事件,才能推论出这幅画展现出来的本质,即推论出总是被视为世界现象之充分理由的物自体……然而,无论哲人还是逻辑学家都忽视了一个可能性,即那幅画——我们人类称之为生活和经验的东西——是逐渐生成的,甚至还完全处于形成过程中的,所以不能视为固定的,不能认为可以据之来推导或者拒绝推导发起者(充分理由)。"①永远处于生成变化中的现象即为世界本身,"世界变得五彩斑斓了,然而充当调色师的是我们,是人的理智使现象得以显现,使得人充满谬误的基本观点得以融入万事万物"②。现象世界是唯一的真实世界,"对我而言,'现象'(Scheinen)是什么呢? 它肯定不是本质(Wesen)的对立面——对于本质,我只能说它是谓述其自身现象的名称! 肯定不是一个能够戴在一个不可知的 x 之上或者可能从 x 那里摘下的僵死面具。对我来说,现象是能动者和有生命者(Wirkende und Lebende)自身,这种能动者和有生命者达到了自嘲的地步,以至于让我感到:这里是现象、鬼火以及精灵的舞蹈,此外什么也没有"③。现象之外没有本质,它本身即是能动者。传统形而上学所设定的物自体本身也是一种混沌的原初现象,"'现象'世界是被安排好的世界,被我们感觉为实在的(real)……这个现象世界的对立面并非'真实的世界',而是无形式的、不可表述的感

---

①　尼采.人性的,太人性的:一本献给自由精神的书[M].魏育青译.华东师范大学出版,2008:31-32。

②　尼采.人性的,太人性的:一本献给自由精神的书[M].魏育青译.华东师范大学出版,2008:32。

③　尼采.快乐的科学[M].黄明嘉译.漓江出版社,2000:54-55。

觉混沌之世界，——也就是现象世界的另一个种类，一个对我们来说'不可知的'世界"①。尼采的结论是，"我们废除了真实的世界：剩下的是什么世界？也许是虚假的世界？……不！随着真实的世界的废除，我们同时废除了虚假的世界！"②尼采所说的"真实的世界"（wahre Welt）与"虚假的世界"（sheinbare Welt）即是传统哲学的物自体与现象，由此，尼采废除了传统形而上学的二元论，取而代之的是强力意志的一元世界。

尼采将现象视为唯一真实的世界并不意味着他的哲学就是海德格尔所说的"颠倒的柏拉图主义"，因为在尼采那里，现象并非一个本体论概念，而是一个现象学意义的概念，即他所说的强力意志。从尼采的整个思想过程来看，他的强力意志概念既不是形而上学的实体，也不是生物学的本能，也不是单纯追求力量的意志，而是生命总是赋予世界以某种价值与意义：生命出于自身的扩张性特征总是不断对周遭环境进行理解与解释，进而实现意义赋予与创造，使其呈现为某种意义，这种意义包括哲学、科学、艺术、宗教等。"就这一点来说，尼采所说的权力意志，非常类似于现象学中具有意向性或意义赋予作用的原初生活经验，如胡塞尔的'纯粹意识'、海德格尔的'生存'和梅勒-庞蒂的'肉身性知觉'等。"③

但强力意志的创造过程并非是一劳永逸的，而是永恒的对抗和斗争，"权力意志只能在对抗中表现出来；它要搜寻与自己对抗的东西"④。这即是说，每一种强力意志在价值创造过程中都在不断地遭遇既有价值观念的抵抗。"一件事物的起因、它最终的有

---

① 尼采. 权力意志[M]. 孙周兴译. 商务印书馆，2007：453。
② 尼采. 偶像的黄昏[M]. 李超杰译. 商务印书馆，2009：30。
③ 吴增定. 从现象学到谱系学——尼采哲学的两重面相[J]. 哲学研究，2017（9）：94。
④ 尼采. 权力意志[M]. 孙周兴译. 商务印书馆，2011：485－486。

用性、它事实上被置于一个体系中的使用和分类,迥然有别于目的;某种现有的、不管以哪种方式臻于完成的东西,总是一再被一个对其占优势的权力重新看待,重新收归己有,为了重新使用而接受改造和扭转;有机世界中的每个事件,都是一次征服,是某物成为主人,而所有征服和成为主人则都又是一次重新阐释和编造,此时,之前的那个'意义'和'目的'必然要被掩盖甚至抹杀……一切目的、一切有用性都只是标记,表明的是,一个权力意志压倒某个权势较小者则成为主人了,从自己出发把关乎某种功能的意义烙在后者身上。"①由此我们可以看到,强力意志的意义创造过程是一个不断抵抗现有价值系统的过程,在抵抗的过程中对其再编码,继而创造新价值。如果只会屈服于既有价值,那便意味着强力意志的衰亡。

与现象学强调原初生活经验的境域性特征相似,尼采在真理观上持一种强烈的视角主义(Perspektivismus)立场。强力意志不断创造新的意义,不断否定既定意义,必定从自身角度理解世界,使世界由复杂变得简单,由陌生变得熟悉,并将自认为的荒谬、偶然与无序抛弃。在尼采那里,视角主义是一切生命的基本条件。强力意志的视角主义特征是一种积极、主动、健康的本能意志,它时刻以自我为中心,不断对周围环境进行简化、解释、创造甚至伪造。而一旦将某种既定价值视为永恒真理,那便意味着强力意志的衰败、受阻与自我否定。强力意志的视角主义特征势必意味着意义创造的有限性、时间性与历史性。因此,没有永恒的意义与价值,一切都处在生成与流变的过程中,"形式是流动的,'意义'更是流动的"②。这应该是尼采一生中始终秉持的总体立场。《悲剧的诞生》对世界生命之有限性的深切体悟是希腊人

---

① 尼采.论道德的谱系[M].赵千帆译.商务印书馆,2016:81-82。
② 尼采.论道德的谱系[M].赵千帆译.商务印书馆,2016:82-83。

艺术创造的内在动力,即他们通过艺术创造为人之生存辩护:尽管生命是有限、偶然、荒谬的,但他们通过悲剧创造去克服与遗忘自身的有限性。在《查拉图斯特拉如是说》《超善恶》等中后期作品中,尼采认为生命之所以值得肯定正是因为它是一次性的。强力意志的创造就是自我克服(Selbst-überwindung),永不停留。在尼采看来,强力意志的意义创造与被创造出的意义本身都是基于生命之时间性视角才是可能的[①]。基于尼采摒弃了现象与本体的对立、肯定现象的唯一实在性、把现象理解为不断生成的强力意志、强调强力意志的视角主义特征。正是基于以上事实,吴增定先生认为,尼采"尽管没有使用现象学的专业语言,但他的哲学仍然可以被看成是一种现象学"[②]。孙周兴先生也认为,"最有现象学性质的还是尼采的视角论/透视论"[③]。

尼采哲学不仅是一种独特的现象学,甚至在某种意义上已经超越了现象学,超越了现象学的意向性与境域性特征,也超越了海德格尔哲学。这便涉及尼采哲学的一个重要维度——谱系学(Genealogie)。在现象学那里,现象能够通过现象学还原得以使自身显现,这即是胡塞尔的"明见性"(Evidenz)原则,这一点也为海德格尔所继承。但从尼采谱系学的眼光来看,这种"明见性"原则是无法实现的。在尼采看来,任何一种自身显现都是强力意志的一种意义创造,因此势必也是一种对原有意义的价值重估,在此意义上,谱系学要高于现象学。

谱系学是对事物"起源"(Ursprung)与"出身"(Herkunft)的探求,但它完全不同于传统形而上学关于"起源"的目的论概念,后者将人之目的强加于世界,并将其抽象为一种非历史的"本原"

---

① 尼采. 查拉图斯特拉如是说[M]. 孙周兴译. 上海人民出版社,2009:179-182。

② 吴增定. 从现象学到谱系学——尼采哲学的两重面相[J]. 哲学研究,2017(9):96。

③ 孙周兴. 尼采的科学批判——兼论尼采的现象学[J]. 世界哲学,2016(2):58。

(arche)①。以道德为例,传统哲学家都将道德的起源归结为某种自在的善(Gut an sich)(柏拉图)、不变的道德法则(康德)或利他主义(保罗·李)②。在尼采看来,谱系学是一种真正贯彻历史性的方法。它认为任何事物的"起源"都是一系列机缘巧合与外部条件相互作用的偶然产物,并不存在某种超验的绝对或神圣的目的。任何看似永恒的价值其实质都是强力意志的产物,是强力意志无限创造、解释以及强力意志之间相互冲突、否定的结果。在此意义上,传统形而上学的真理与谬误、此岸与彼岸、善与恶的二元对立则失去了恒常的价值。在胡塞尔那里,现象学即是一种追求起源的科学,"哲学本质上是一门关于真正开端(Anfang)、关于起源(Ursprung)、关于万物之本的科学"③。但在尼采谱系学看来,如果任何起源都是强力意志的产物,任何返回起源的做法都是对起源的重估,那就不存在真正的本原。胡塞尔追求的"回到事实本身"可能会再次堕入形而上学的窠臼。由此看来,尼采以谱系学方法对现象世界作出了更多维的探索。

　　基于以上论述,我们有充分的理由主张有一种"尼采的现象学",而非"尼采的形而上学"。首先,尼采反对主客二元对立的传统形而上学思维方式,进而与后来整个现象学运动所倡导的解构方法、立场与策略具有共通性。如在《权力意志》中,尼采同样提到"现象论/现象主义","人们千万不能在错误的地方寻找现象论/现象主义:没有比这个内在的世界更具现象性质的了,(或者更清晰地讲),没有比我们用著名的'内感官'观察到的这个内在世界更大的欺骗了。……总而言之,一切被意识到的东西都是现象,都是结局——不是引发什么东西的原因;意识中的一切相继

---

　　①　尼采.人性的,太人性的:一本献给自由精神的书[M].魏育青译.华东师范大学出版,2008:18-20。

　　②　尼采.论道德的谱系[M].赵千帆译.商务印书馆,2016:5-7、15-18。

　　③　胡塞尔.哲学作为严格的科学[M].倪梁康译.商务印书馆,2002:69。

序列完全是以原子论方式进行的。而且我们也尝试用相反的观点来理解世界——仿佛除了思想、情感和意志，就没有什么东西起作用，没有什么东西是实在的了……"①。又如尼采同样批判近代哲学以因果性说明意识现象的思维方式，"我们脱口说出'因果性'；就像逻辑学所做的那样，在各种观念之间采纳一种直接的因果联系——这乃是极其粗糙和极其笨拙的观察的结果。在两个观念之间，还有一切可能的情绪在发挥它们的作用"②。这实际上与整个现象学运动对传统形而上学的批判具有一脉相承性。其次，尼采对意识与心理的描述开启了后来的意识现象学论域。萨弗兰斯基认为，尼采已触及现象学关于意向结构、意向行为的论题，尼采的意识分析为现象学做了前期准备③。倪梁康先生也指出，"道德意识现象学对人类伦理现象的分析已经表明：尼采的道德谱系学属于道德习性现象学的问题范围与工作领域"④。另外还须提到的一点是，尼采对个体实存的诗意言说与海德格尔所致力的诗化哲学具有相似的现象学意味。如在《快乐的科学》第354节中，尼采认为意识与语言是人类群体本性而非"个体生存"（Individual-Existenz）本性，它们具有社会性与公共性，由此而构筑的世界只是一个抽象的符号世界，并未触及个体实存活动本身。为此，尼采才以全新的语言表达方式打破了传统的概念表达机制。总体来说，尼采对人类意识现象与对感性生存经验的描述某种程度上综合了胡塞尔与海德格尔的现象学关切，而二者正是整个现象学运动的思想源头。因此，在整个现代西方哲学的理论视域下来看，就尼采反对柏拉图主义传统、倡导忠于尘世感性生活、关注身体现象而言，"作为现象学家的尼采"则是可能的，而非

① 尼采.权力意志[M].孙周兴译.商务印书馆：2007：1069。
② 尼采.权力意志[M].孙周兴译.商务印书馆：2007：728-729。
③ 萨弗兰斯基.尼采思想传记[M].卫茂平译.华东师范大学出版社，2007：238-248。
④ 倪梁康.道德谱系学与道德意识现象学[J].哲学研究，2011(9)：10。

"作为形而上学家的尼采"。

第四节　尼采与海德格尔后期思想

一、海德格尔的存在历史之思

存在历史之思的理论意蕴。 存在历史之思(seinsgeschicht-liches Denken)是后期海德格尔的基本思想形态,它是指存在以历史性的方式现身,并由此区分开了不同的时代,以及在此基础上对思想的另一开端的企望。后期海德格尔从作为此在分析学的基础存在论向探索存在本身之自行发生的存在历史之思转变,以此深化了对存在问题的追问。存在历史之思从方法上来源于早期海德格尔极具突破性的形式显示思想,海德格尔运用此方法从存在本身的自行发生角度追问存在,探求存在之真理。此方法以结构的普遍性来解释与超越经验概括和形式化的普遍性,而后者正是传统形而上学的中心关切。这种由形式显示方法开辟的方向在海德格尔思想道路中一以贯之,在存在历史之思中具体表现为对存在现象本身及其蕴含的经验方式的分析。后期海德格尔的探究方向和思考任务即是从存在历史之思出发研究存在现象与人经验存在之方式的结构性关联,并对其可能性和现实性进行考察。从与存在本身打交道的人的角度来讲,存在历史之思就是对现象性存在的经验。

存在历史之思的哲学与哲学史维度。 后期海德格尔的探究方向沿着存在历史的构想展开,既有哲学维度,又有哲学史维度。从哲学本身来看,存在历史之思旨在研究存在现象及其蕴含的经验方式。从哲学史角度来看,海德格尔将西方思想对存在的解释分为三个阶段,即第一开端及其终结、过渡阶段与另一开端,而尼采哲学即被海德格尔置入这个"过渡阶段"。存在历史概念某种程度上与存在概念具有同义性:存在自我显示的基本方式是自行发生(sich ereigen),存在乃是发生事件(Ereignis);作为发生事件的存在以不同方式给出自身,而存在给出自身的过程乃是自身本质现身(Wesung)的过程,而存在历史正是对此过程的命名。

存在历史之思与语言。存在历史之思的最终任务在于探索存在之真理,这种真理的处所是语言,因为存在最终作为语言现象自我显示出来。把握此种真理不仅运用新的词句,更意味着在对语言现象的经验中塑造自我和世界,将对存在的关联经验表达出来,体现为词(Wort)与道说(Sage),它们不同于传统形而上学的范畴与命题。从存在之自行发生来说,道说活动就是让存在自身以语言形式最终显现的过程。存在最终作为语言现象显现自身,但语言不仅属于存在,当存在历史之思将人与存在的交道最终设想为在语言世界中的自我塑造过程时,语言同时也是人对存在经验的实行本身。就此而言,存在历史之思可视为某种超越于现象学生存论的语言存在论。

二、尼采与《哲学论稿》

《哲学论稿》的未来哲学关切。《哲学论稿(从本有而来)》是海德格尔的未来哲学之思,写于 1936—1938 年,在 1989 年海德格尔诞辰 100 周年之际出版,其哲学地位尤为重要,孙周兴先生认为是"海德格尔最重要的两本著作之一,可与《存在与时间》并举。而若从后哲学思想前景的开启这个角度来看,《哲学论稿》的意义显然还比海氏前期的《存在与时间》更大些"①。全书由 281

---

① 孙周兴. 后神学的神思——海德格尔《哲学论稿》中的上帝问题[J]. 世界哲学,2010(03):45。

节文字构成,共八部分:"前瞻""回响""传送""跳跃""建基""将来
者""最后的上帝""存有"。其中心关切是"本有"思想与"存有历
史(Seynsgeschichte)"观。《哲学论稿》的轮廓就是存在历史之思
的轮廓,各关节体现了一种相互生发的关系,并不构成一个严整
的逻辑体系。"本有"(Ereignis)是"事件之发生",作"本来就有"
解,即"有自己"与"有本来"之意。"本有"即"持守",其"基本情
调"是"抑制(Verhaltenheit)"。"存在历史之思"描述了在两个
"开端"之间伸展的存在思想进程。第一个开端的历史是关于存
在者之存在的历史,即形而上学的历史;而在另一个开端中存在
不再被经验为存在者之存在,而是被经验为在其无蔽中和在其
历史性"本现(Wesung)"中的"存在本身",即作为"自行遮蔽之
澄明"的"存在之真理",即"本有"。两个开端各有自己的"基本
情调":第一开端的基本情调是"惊奇",另一开端的基本情调是
"抑制"。现时代正处于"过渡"中,即第一开端之终结向另一开
端的过渡。在海德格尔看来,尼采哲学最集中体现了这种过渡。

《哲学论稿》中的尼采关切。在三四十年代的尼采讲座中,
海德格尔将尼采哲学规定为形而上学无限主体性的最终完成,
他由此进一步发展了第一开端之终结的解释;在关于尼采强力
意志概念的阐释中发展了他关于现代性批判中的"谋制"思想。
尼采讲座以及关于技术的著作都是在《哲学论稿》存在历史之思
的基础上,或者更具体来说,是在"回响"关节的基础上所做的进
一步发展。海德格尔批判性地反思了尼采在存在历史之思中所
占据的位置,即他占据着一个形而上学的完成者与向另一开端
过渡者的位置。存在之转变开启了从第一开端向另一开端过渡
的空间,一个对西方历史之命运作决断的空间,尼采哲学居于
其中。

三、尼采与"存在历史之思"

尼采的"未来哲学"与海德格尔的"另一开端"。从根本上来说,海德格尔的"另一开端"与尼采的"未来哲学"具有一致性。他们看到自柏拉图以来的西方形而上学都以人对存在的设定取代了存在本身,由此导致了虚无主义,并且都认为克服虚无主义的前提是对传统形而上学进行价值重估或解构;二者都转向了对个体此在之关怀与维护的实存(Existenz)哲学,即对个体性的人生此在之有限性与真实性的关注,以及对个体此在的可能性与未来性的关注。海德格尔通过尼采讲座对未来哲学看得更远,认为存在之遗忘不是个别哲学家使然,而是存在的神秘馈赠,第一开端已被耗尽,而另一开端与哲学无关,甚至与西方无关。

尼采与非对象性的思与言。尼采对海德格尔"存在历史之思"的影响主要表现在两个方面。从消极意义来说,海德格尔通过对尼采思想中形而上学诸要素的批判,将尼采哲学定性为主体形而上学的最后完成,而在思想姿态上始终与尼采保持一种疏离关系,从而实现对自己前期基础存在论的批判,并使自己的"存在历史之思"突显出来。从积极意义上来说,海德格尔通过对尼采思想内容与形式的批判性解读,推进了自己关于"非对象性的思与言是如何可能的?"这一现象学思想进路的理解,使海德格尔通过对器具分析、作品分析、物的分析与词语分析等多种途径探讨存在之真理,即存在既解蔽又遮蔽的交互运作,为如何接近事物的自在自持开辟道路,从而对现象学作了一种"存在历史"意义上的理解。这种以现象学方式表达的恢复事物自在存在的努力,倡导一种非客观化的思想与道说,寻求以非形而上学与非主体主义的思想姿态来面对被技术所裹挟的世界,即唯有通过非对象性的思与诗才能使人类在世界境域中接近自在自持的事物。

结　　论

　　海德格尔的尼采解释是 20 世纪西方哲学中具有广泛影响的重大学术事件。从 1936 年的第一个尼采讲座《作为艺术的强力意志》到 1953 年的最后一篇文章《谁是尼采的查拉图斯特拉?》，"尼采"这个名字构成了多种相互支持与相互补充的争辩形式，这些争辩形式是一个立体式的复合体，而非一个线性的单一结构。它既是海德格尔与尼采哲学的争辩，又是海德格尔与整个形而上学史的争辩；它既是海德格尔与其他尼采注释家的争辩，又是海德格尔与当时社会历史观念的争辩。所有这些争辩都是海德格尔以一种含而不露、隐而不显的形式通过对尼采哲学的阐释呈现的。各种争辩的思想路径之间是一个环环相扣、你中有我、我中有你的整体。海德格尔尼采解释的多重意义就在上述这些争辩中得到了表达与升华。

　　海德格尔与尼采的相遇是中期海德格尔最主要的思想事件。在解释尼采的过程中，海德格尔在很大程度上简化了尼采哲学的复杂性，将其归入"存在—神—逻辑学机制"的传统中，过度强调"最后一位形而上学家"这一论题，在思想姿态上与尼采保持一定的距离，从而使自己的存在之思突显出来。但尼采的哲学并非像海德格尔所批评的那样遗忘了存在问题，而是同样揭示了"存在

论的差异"(ontologisch Differenz),即尼采同样力图把存在同人
对存在的理解与设定区别开来,以使存在自行显现。海德格尔只
是通过对尼采思想的唯意志论、主观主义、形而上学与虚无主义
的批判使自己保持警觉,以实现自己未来思想的转变即存在历史
的转变。

　　事实上,海德格尔限制讨论了他与尼采所共同关心的许多论
题,这两位哲学家所关切的论题远比海德格尔所理解与承认的多
得多,如他们都认识到了现代性问题的急迫,认识到了决断时刻
的来临,认识到了重构未来思想的必要性,认识到了返回前理论
生活经验与实践的可能性。特别是海德格尔通过对尼采纷繁哲
学观点的解读,推进了自己关于"非推论性的思想与言说是如何
可能的?"这一思想理路,使海德格尔通过对器具、作品、物与词语
的分析来探讨存在之真理,为如何接近事物的自在自持开辟道
路,从而对现象学作了一种"存在历史"意义的理解。这一新的现
象学表达方式的努力,倡导一种非客观化的思想与道说,寻求非
概念性、非主体性的思想姿态来面对人类居于其中的技术世界,
即唯有通过非对象性的思与诗才能使人类在世界境域中接近自
在自持的事物,实现诗意栖居的哲学理想。

　　海德格尔的尼采解释无疑是最具思想深度、最具哲学高度的
理论阐释。他的巨大功绩在于,通过他的阐释尼采哲学的多样化
主题被带入了一种思辨的统一性之中。海德格尔是第一个指明
尼采思想隶属于西方哲学大传统的人。他以各种不同的主题为
切入点对尼采哲学进行了多维阐释,尽管这种阐释带有一定的暴
力性,但仍比20世纪其他尼采阐释要更为成功,他将尼采带到像
柏拉图、亚里士多德、康德、黑格尔那样的哲学家近处,从尼采思
想中辨认出这种近处的直接来源,进而也辨认出它与形而上学史
的一脉相承性。海德格尔通过克服尼采来克服形而上学,在"另
一开端"视域下将尼采阐释为形而上学的完成者,并由此来揭示

存在之真理。同时，通过两位思想家对虚无主义的认识，我们才真实觉察到"现代性"是一个需要辩证看待的概念，他们对现代性文化乐观主义世界观的批判是我们讨论现代问题的重要思想资源，而不仅仅是一种有待认同的最终结论。这样，海德格尔尼采解释的重要意义不仅是给我们呈现出一个全新的尼采形象，也是开启了一场关于尼采哲学以至现代性问题的争论，进而开启了一场新的精神世界的斗争。

参考文献

（一）中文参考文献

1. 阿尔弗雷德·登克尔等：《海德格尔与尼采》，孙周兴、赵千帆等译，商务印书馆，2015年。

2. 安东尼娅·格鲁嫩贝格：《阿伦特与海德格尔——爱与思的故事》，陈春文译，商务印书馆，2010年。

3. 安内马丽·彼珀：《动物与超人之维——对尼采〈查拉图斯特拉〉第一卷的哲学解释》，李洁译，华夏出版社，2001年。

4. 埃利希·海勒：《尼采：自由精灵的导师》，杨恒达译，漓江出版社，2018年。

5. 奥托·珀格勒：《马丁·海德格尔的思想之路》，宋祖良译，台湾仰哲出版社，1994年。

6. 奥弗洛赫蒂：《尼采与古典传统》，田立年译，华东师范大学出版社，2007年。

7. 巴姆巴赫：《海德格尔的根——尼采，国家社会主义和希腊人》，张志和译，上海书店出版社，2007年。

8. 保罗·彼肖普：《尼采与古代——尼采对古典传统的反应和回答》，田立年译，华东师范大学出版社，2011年。

9. 陈嘉映：《海德格尔哲学概论》，生活·读书·新知三联书店，2005年。

10. 陈鼓应：《悲剧哲学家尼采》，上海人民出版社，2006年。

11. 丹豪瑟：《尼采眼中的苏格拉底》，田立年译，华夏出版社，2013年。

12. 德里达:《论精神——海德格尔与问题》,朱刚译,上海译文出版社,
    2008 年。

13. 德里达:《书写与差异》,张宁译,生活·读书·新知三联书店,2001 年。

14. 德里达等:《生产(第四辑):新尼采主义》,汪民安主编,广西师范大学出
    版社,2007 年。

15. 德里达:《论文字学》,汪堂家译,上海译文出版社,1999 年。

16. 德里达:《多重立场》,佘碧平译,生活·读书·新知三联书店,2006 年。

17. 大卫·库尔伯:《纯粹现代性批判——黑格尔、海德格尔及其以后》,臧佩
    洪译,2006 年。

18. 戴维·罗宾逊:《尼采与后现代主义》,程炼译,北京大学出版社,
    2005 年。

19. 恩斯特·贝勒尔:《尼采、海德格尔与德里达》,李朝晖译,社会科学文献
    出版社,2001 年。

20. 菲利普·拉古-拉巴特:《海德格尔、艺术与政治》,刘汉全译,漓江出版
    社,2014 年。

21. 海德格尔:《存在与时间》,陈嘉映、王庆节译,生活·读书·新知三联书
    店,2006 年。

22. 海德格尔:《对亚里士多德的现象学解释——现象学研究导论》,赵卫国
    译,华夏出版社,2012 年。

23. 海德格尔:《海德格尔选集》,孙周兴选编,上海三联书店,1996 年。

24. 海德格尔:《荷尔德林诗的阐释》,孙周兴译,商务印书馆,2009 年。

25. 海德格尔:《路标》,孙周兴译,商务印书馆,2011 年。

26. 海德格尔:《林中路》,孙周兴译,上海译文出版社,2012 年。

27. 海德格尔:《面向思想的事情》,陈小文、孙周兴译,商务印书馆,2012 年。

28. 海德格尔:《尼采》,孙周兴译,商务印书馆,2012 年。

29. 海德格尔:《时间概念史导论》,欧东明译,商务印书馆,2009 年。

30. 海德格尔:《什么叫思想?》,孙周兴译,商务印书馆,2017 年。

31. 海德格尔:《同一与差异》,孙周兴等译,商务印书馆,2011 年。

32. 海德格尔:《形而上学导论》,熊伟、王庆节译,商务印书馆,2010 年。

33. 海德格尔:《演讲与论文集》,孙周兴译,生活·读书·新知三联书店,
    2005 年。

34. 海德格尔:《哲学论稿(从本有而来)》,孙周兴译,商务印书馆,2012 年。

35. 海德格尔:《在通向语言的途中》,孙周兴译,商务印书馆,2010 年。

36. 赫伯特·施皮格伯格:《现象学运动》,王炳文、张金言译,商务印书馆,2011 年。

37. 靳希平:《海德格尔早期思想研究》,上海人民出版社,1996 年。

38. 伽达默尔:《真理与方法》,洪汉鼎译,上海译文出版社,1999 年。

39. 伽达默尔:《哲学解释学》,夏镇平、宋建平译,上海译文出版社,2004 年。

40. 伽达默尔、德里达:《德法之争:伽达默尔与德里达的对话》,孙周兴、孙善春编译,同济大学出版社,2004 年。

41. 吉尔·都鲁兹:《解读尼采》,张唤民译,百花文艺出版社,2000 年。

42. 卡尔·洛维特:《纳粹上台前后我的生活回忆》,区立远译,学林出版社,2008 年。

43. 卡尔·洛维特:《海德格尔与有限性思想》,孙周兴译,华夏出版社,2002 年。

44. 卡尔·洛维特/沃格林等:《墙上的书写——尼采与基督教》,田立年、吴增定等译,华夏出版社,2004 年。

45. 卡尔·洛维特:《尼采》,刘心舟译,中国华侨出版社,2019 年。

46. 卡尔·洛维特:《海德格尔——贫困时代的思想家:哲学在 20 世纪的地位》,彭超译,西北大学出版社,2015 年。

47. 卡尔·洛维特:《从黑格尔到尼采》,李秋零译,生活·读书·新知三联书店,2014 年。

48. 克莱因伯格:《存在的一代:海德格尔哲学在法国 1927—1961》,陈颖译,新星出版社,2010 年。

49. 朗佩特:《施特劳斯与尼采》,田立年、贺志刚译,上海三联书店,华东师范大学出版社,2005 年。

50. 朗佩特:《尼采与现时代——解读培根、笛卡尔与尼采》,李致远等译,华夏出版社,2009 年。

51. 朗佩特:《尼采的使命——善恶的彼岸绎读》,李致远、李小均译,华夏出版社,2009 年。

52. 朗佩特:《尼采的教诲——〈查拉图斯特拉如是说〉解释一种》,娄林译,华东师范大学出版社,2013 年。

53. 李洁:《尼采论》,浙江教育出版社,2003年。

54. 李必桂:《原艺——尼采与海德格尔艺术哲学比较研究》,中国社会科学出版社,2009年。

55. 刘小枫、倪为国:《尼采在西方——解读尼采》,上海三联书店,2002年。

56. 刘小枫:《尼采与古典传统续编》,田立年译,华东师范大学出版社,2008年。

57. 吕迪格尔·萨弗兰斯基:《海德格尔传》,靳希平译,商务印书馆,1999年。

58. 迈克尔·英伍德:《海德格尔》,刘华文译,译林出版社,2013年。

59. 尼采:《悲剧的诞生》,孙周兴译,商务印书馆,2012年。

60. 尼采:《查拉图斯特拉如是说》,孙周兴译,上海人民出版社,2011年。

61. 尼采:《敌基督者》,吴增定、李猛译,生活·读书·新知三联书店,2017年。

62. 尼采:《论道德的谱系》,赵千帆译,商务印书馆,2016年。

63. 尼采:《看哪这人》,张念东、凌素心译,中央编译出版社,2000年。

64. 尼采:《快乐的科学》,黄明嘉译,漓江出版社,2000年。

65. 尼采:《偶像的黄昏》,李超杰译,商务印书馆,2009年。

66. 尼采:《权力意志》,孙周兴译,商务印书馆,2007年。

67. 尼采:《人性的,太人性的:一本献给自由精神的书》,魏育青译,华东师范大学出版社,2008年。

68. 尼采:《善恶的彼岸》,朱泱译,团结出版社,2001。

69. 尼采:《瓦格纳事件/尼采反瓦格纳》,孙周兴译,商务印书馆,2011年。

70. 尼采:《希腊悲剧时代的哲学》,周国平译,商务印书馆,1996年。

71. 尼采:《哲学与真理》,田立年译,上海社会科学院出版社,1997年。

72. 孙周兴:《说不可说之神秘——海德格尔后期思想研究》,上海三联书店,1994年。

73. 孙周兴:《未来哲学序曲——尼采与后形而上学》,上海人民出版社,2016年。

74. 萨弗兰斯基:《尼采思想传记》,卫茂平译,华东师范大学出版社,2010年。

75. 斯坦利·罗森:《诗与哲学之争——从柏拉图到尼采、海德格尔》,张辉译,华夏出版社,2004 年。

76. 斯坦利·罗森:《启蒙的面具——尼采的〈查拉图斯特拉如是说〉》,吴松江、陈卫斌译,辽宁教育出版社,2003 年。

77. 圣地亚哥·扎巴拉:《存在的遗骸——形上学之后的诠释学存在论》,吴闻仪、吴晓番等译,华东师范大学出版社,2015 年。

78. 王庆节:《解释学、海德格尔与儒道今释》,中国人民大学出版社,2009 年。

79. 吴增定:《尼采与柏拉图主义》,上海人民出版社,2006 年。

80. 汪民安、陈永国,《尼采的幽灵——西方后现代语境中的尼采》,社会科学文献出版社,2001 年。

81. 汪民安:《新尼采主义》,广西师范大学出版社,2007 年。

82. 维克托·法里亚斯:《海德格尔与纳粹主义》,郑永慧等译,时事出版社,2000 年。

83. 瓦莱加-诺伊:《海德格尔〈哲学献文〉导论》,李强译,华东师范大学出版社,2010 年。

84. 沃林:《存在的政治——海德格尔的政治思想》,周宪、王志宏译,商务印书馆,2000 年。

85. 朱清华:《回到源初的生存现象——海德格尔前期对亚里士多德的存在论诠释》,首都师范大学出版社,2009 年。

86. 朱刚:《本原与延异:德里达对本原形而上学的解构》,上海人民出版社,2006 年。

87. 陈嘉映:《谈谈阐释学中的几个常用概念》,哲学研究,2020 年第 4 期。

88. 陈小文:《建筑中的神性》,世界哲学,2009 年第 7 期。

89. 邓晓芒:《欧洲虚无主义及其克服——读海德格尔〈尼采〉札记》,江苏社会科学,2008 年第 2 期。

90. 关子尹:《黑格尔与海德格尔——两种不同形态的同一性思维》,同济大学学报(社会科学版),2014 年第 2 期。

91. 高宣扬:《生命的实际性及其反思性诠释——纪念海德格尔著〈存在与时间〉出版 90 周年》,学海,2017 年第 9 期。

92. 洪汉鼎:《关于 Hermeneutik 的三个译名:诠释学、解释学与阐释学》,哲学研究,2020 年第 4 期。

93. 韩王韦:《自然与进化:尼采思想中正义的三种表现形态》,国外社会科学前沿,2019 年第 12 期。

94. 韩王韦:《从艺术到哲学:尼采思想中狄奥尼索斯形象之变》,哲学分析,2019 年第 6 期。

95. 韩王韦:《尼采的"敌基督者"与"反自然"的虚无主义》,哲学分析,2018 年第 6 期。

96. 韩王韦:《尼采为什么是一位自然主义者》,自然辩证法研究,2018 年第 6 期。

97. 韩王韦:《尼采自然主义德性观探析》,道德与文明,2017 年第 5 期。

98. 韩王韦:《"回归自然"——论尼采的道德自然主义》,江苏社会科学,2016 年第 12 期。

99. 韩王韦:《尼采巴赛尔时期的荷马研究》,同济大学学报(社会科学版),2015 年第 5 期。

100. 靳希平、毛竹:《〈存在与时间〉的"缺爱现象"——兼论〈黑皮本〉的"直白称谓"》,世界哲学,2016 年第 9 期。

101. 刘小枫:《海德格尔的诗人与世界历史——〈存在与时间〉出版 90 周年之际的反思》,江汉论坛,2017 年第 10 期。

102. 刘国英:《海德格尔的哲学遗产——从对海德格尔政治参予的反省出发》,开放时代,1998 年第 2 期。

103. 梁家荣:《施行主义、视角主义与尼采》,哲学研究,2018 年第 3 期。

104. 梁家荣:《尼采的意志概念与海德格尔的解释》,西南大学学报(社会科学版),2017 年第 7 期。

105. 梁家荣:《尼采的永恒回归学说与海德格尔的解释》,哲学动态,2016 年第 9 期。

106. 马克·布鲁索蒂:《尼采〈论道德的谱系〉中"主权个体"的自律》,赵千帆译,同济大学学报(社会科学版),2019 年第 2 期。

107. 倪梁康:《道德谱系学与道德意识现象学》,哲学研究,2011 年第 9 期。

108. 庞学铨:《新现象学对海德格尔"在世存在"思想的扬弃》,浙江大学学报(人文社会科学版),2011 年第 1 期。

109. 孙周兴:《后神学的神思——海德格尔〈哲学论稿〉中的上帝问题》,世界哲学,2010 年第 3 期。

110. 孙周兴:《非推论的思想还能叫哲学吗？——海德格尔与后哲学的思想前景》,社会科学战线,2010 年第 9 期。

111. 孙周兴:《永恒在瞬间中存在——论尼采永恒轮回学说的实存论意义》,同济大学学报,2014 年第 5 期。

112. 孙周兴:《尼采的科学批判——兼论尼采的现象学》,世界哲学,2016 年第 2 期。

113. 孙周兴:《海德格尔与德国当代艺术》,学术界,2017 年第 8 期。

114. 孙周兴:《尼采与现代性美学精神》,学术界,2018 年第 6 期。

115. 孙周兴:《试论一种总体阐释学的任务》,哲学研究,2020 年第 4 期。

116. 斯蒂凡·劳伦兹·索格纳:《尼采、超人与超人类主义》,韩王韦译,国外社会科学前沿,2019 年第 8 期。

117. 吴增定:《海德格尔对古希腊哲学的诠释与哲学的可能性》,世界哲学,2009 年第 6 期。

118. 吴增定:《尼采与"存在"问题——从海德格尔对尼采哲学的解读谈起》,云南大学学报(社会科学版),2010 年第 4 期。

119. 吴增定:《《艺术作品的本源》与海德格尔的现象学革命》,文艺研究,2011 年第 9 期。

120. 吴增定:《从现象学到谱系学——尼采哲学的两重面相》,哲学研究,2017 年第 9 期。

121. 吴增定:《存在论为什么作为现象学才是可能的？——海德格尔前期的存在论与现象学之关系再考察》,同济大学学报(社会科学版),2018 年第 3 期。

122. 吴增定:《没有主体的主体性——理解尼采后期哲学的一种新尝试》,哲学研究,2019 年第 5 期。

123. 王恒:《虚无主义:尼采与海德格尔》,南京社会科学,2000 年第 8 期。

124. 王庆节:《超越、超越论与海德格尔的〈存在与时间〉》,同济大学学报(社会科学版),2014 年第 2 期。

125. 维尔纳·施泰格迈尔:《真理与诸种真理——论尼采、海德格尔和卢曼》,桂瑜译,同济大学学报(社会科学版),2019 年第 2 期。

126. 陆心宇:《论皮平与海德格尔关于尼采之言诠释的差异——以后康德哲学为视角的研究》,云南大学学报(社会科学版),2018 年第 9 期。

127. 余明锋:《权力意志与现代性——从海德格尔的尼采解释出发谈当代技术问题》,学术界,2020 年第 3 期。

128. 杨栋:《伽达默尔论后期海德格尔——以存在历史之思为中心》,哲学动态,2018 年第 3 期。

129. 张庆熊:《诠释学与现象学的汇通之路:从"意识事实"到"此在的实际性"》,复旦学报(社会科学报),2017 年第 1 期。

130. 张志伟:《尼采、虚无主义与形而上学——基于海德格尔〈尼采〉的解读》,中国高校社会科学,2016 年第 6 期。

131. 张志伟:《轴心时代、形而上学与哲学的危机——海德格尔与未来哲学》,社会科学战线,2018 年第 9 期。

132. 张志扬:《解释学分类及其他》,现代哲学,2009 年第 1 期。

133. 张志扬:《是同一与差异之争,还是其他——评德法之争对形而上学奠基之裂隙的指涉》,同济大学学报(社会科学版),2007 年第 6 期。

134. 张志扬:《海德格尔探访赫拉克利特的"无蔽"——海德格尔"回归步伐"的解释限度》,同济大学学报(社会科学版),2007 年第 2 期。

135. 张祥龙:《海德格尔的形式显示方法和〈存在与时间〉》,中国高校社会科学,2014 年第 1 期。

(二) 外文参考文献

1. Aaron Ridley. *Nietzsche on Art*, London and New York: Routledge, 2007.

2. Alan D. Schrift. *Nietzsche's French Legacy: a Genealogy of Poststructuralism*, New York and London: Rou-tledge, 1995.

3. Catanu, Paul, Moreira, Emery, Grondin, Jean. *Heidegger's Nietzsche: Being and Becoming*, Toronto: 8th House Publications, 2010.

4. Catherine H. Zuckert. *Postmodern Platos: Nietzsche, Heidegger, Gadamer, Strauss, Derrida*, Chicago and London: the University of Chicago Press, 1996.

5. Charles Guignon. *The Existentialists: Critical Essays on Kierkegaard, Nietzsche, Heidegger, and Sartre*, Lanham/Boulder/New York/

Toronto/Oxford: Rowman and Littlefield Publishers, Inc. , 2004.

6. Daniel O. Dahlstrom. *Heidegger's Concept of Truth*. New York: Cambridge University Press, 2009.

7. Diane P. Michelfelder and Richard E. Palmer. *Dialogue and Deconstruction: the Gadamer-Derrida Encounter*, New York: State University of New York Press, 1989.

8. Ernst Behler. *Confrontations: Derrida / Heidegger / Nietzsche*, Trans. by Steven Taubeneck, California: Stanford University of Press, 1991.

9. Gregory Bruce Smith. *Nietzsche-Heidegger and the Transition to Postmodernity*. Chicago and London: the University of Chicago Press, 1996.

10. Gianni Vattimo. *Jenseits vom Subject: Nietzsche, Heidegger und die Hermeneutik*, Wien: Manz Crossmedia GamH & Co KG, 2005.

11. Gianni Vattimo. *The Adventure of Difference: Philosophy after Nietzsche and Heidegger*. Trans. by Cyprian Blamires, Cambridge: Polity Press, 1993.

12. Jacques Derrida. *Margins of Philosophy*. Trans. by Alan Bass, England: the Harvester Press. 1982.

13. Julian Young. *Nitzsche's Philosophy of Art*, New York: Cambridge University Press, 1992.

14. James J. Winchester. *Nietzsche's Aesthetic Turn: Reading Nietzsche after Heidegger, Deleuze, and Derrida*, New York: State University of New York Press, 1994.

15. Joseph J. Kockelmans. *Heidegger on Art and Art Works*, Boston: Martinus Nijhoff Publishers, 1986.

16. John Richardson. *Existential Epistemology: A Heideggerian Critique of the Cartesian Project*. Oxford: Oxford University Press, 1986.

17. Katrin Froese. *Nietzsche, Heidegger, and Daoist thought: Crossing paths in-between*, New York: State University of New York Press, 2006.

18. Karl Löwith. *Nietzsches Philosophie der ewigen Wiederkehr des*

Gleichen, Hamburg: Felix *Meiner* Verlag, 1978.

19. Louis P. Blond. *Heidegger and Nietzsche: Overcoming Metaphysics*, New York: Continuum, 2010.

20. Laurence Paul Hemming, Kostas Amiridis, and Bogdan Costae. *The Movement of Nihilism: Heidegger's thinking after Nietzsche.* New York: Continuum, 2012.

21. Martin Heidegger. *The Basic Problem of Phenomenology*, trans. by Albert Hofstadter, Bloomington: Indiana University Press, 1982.

22. Martin Heidegger. *Phenomenologische Interpretationen zu Aristotles*, Frankfurt am Main: Vittorio Klostermann GmbH, 1985.

23. Martin Heidegger. *Metaphysische Anfangsgrunde der Logik im Ausgang von Leibniz*, Frankfurt am Main: Vittorio Klostermann GmbH, 1978.

24. Martin Heidegger. *Frühe Schriften.* Frankfurt am Main: Vittorio Klostermann GmbH, 1978.

25. Martin Heidegger. *Zur Bestimmung der Philosophie.* Frankfurt am Main: Vittorio Klostermann GmbH, 1987.

26. Martin Heidegger. *Phenomenology of Intuition and Expression*, Trans. by Tracy Colony, London: Continuum International Publishing Group, 2010.

27. Michael Inwood. *a Heidegger Dictionary*, Massachusetts: Blackwell, 1999.

28. Michael E. Zimmerman. *Eclipse of the Self: The Development of Heidegger's Concept of Authenticity.* Athens: Ohio University Press, 1986.

29. Michael E. Zimmerman. *Heidegger's Confrontation with Modernity*, Bloomington: Indiana University Press, 1990.

30. Nishitani Keiji. *The Self-Overcoming of Nihilism*, trans. by Graham Parkes, New York: State University of New York Press, 1990.

31. Otto Pöggeler. *Martin Heidegger's Path of Thinking*, trans. by Daniel Magurshak and Sigmund Barber, Atlantic Highlands, NJ:

Humanities Press International, Inc. , 1990.

32. Otto Pöggler. *The Paths of Heidegger's Life and Thought*, trans. by John Bailiff, New Jersey: Humanities Press, 1997.

33. Parvis Emad. *On the Way to Heidegger's Contributions to Philosophy*, Wisconsin: the University of Wisconsin Press, 2007.

34. Rapaport Herman. *Heidegger and Derrida: Reflections on Time and Language*, Lincoln, NE: the University of Nebraska Press, 1991.

35. Stanley Rosen. *The Question of Being: A Reversal of Heidegger*, New York: Saint Augustine's Press, 2002.

36. Theodore Kisiel. *The Genesis of Heidegger's Being and Time*, Berkeley: University of California Press, 1993.

37. Ted Sadler. *Nietzsche: Truth and Redemption: Critique of the Postmodernist Nietzsche*. London & Atlantic Highlands, NJ. , the Athlone Press, 1995.

38. William L. McBride. *Existentialist Background: Kierkegaard, Dostoevsky, Nietzsche, Jaspers, Heidegger*, New York and London: Garland Publishing, Inc. , 1997.

39. Wolfgang Müller-Lauter. *Heidegger und Nietzsche*, Berlin: Walter de Gruyter GmbH & Co. KG, 2000.

40. Wolfang Müller-Lauter. *Nietzsche: Seine Philosophie der Gegensätze und die Gegensätze Seiner Philosophie*, Berlin: Walter De Gruyter, 1971.

41. Andrew Hartman. "How American Have Received Nietzsche and Heidegger and Why It Matters", *Reviews in American History*, Vol. 41, 2013, pp. 122 – 128.

42. Boris V. Markov. "Heidegger and Nietzsche", *Russian Studies in Philosophy*, vol. 50, 2011, pp. 34 – 56.

43. Bradley Bryan. "revenge and nostalgia: reconciling Nietzsche and Heidegger on the question of coming to terms with the past", *Philosophy and Social Criticism*, 2012(3), pp. 25 – 38.

44. Charles Bambach. "Translating 'justice': Heraclitus between Heidegger

and Nietzsche", Philosophy Today, 2006(2), pp. 143 – 155.

45. David Detemer. "Heidegger and Nietzsche on 'Thinking in Values'", the Journal of Value Inquiry, 1989(23), pp. 275 – 283.

46. David Campbell. "Nietzsche, Heidegger, and Meaning", Journal of Nietzsche Studies, 2003(26), pp. 25 – 54.

47. Hakhamanesh Zangeneh. "Phenomenological Problems for the Kairological Reading of Augenblick in Being and Time", International Journal of philosophical Studies, Vol. 19,2007, pp. 540 – 553.

48. James Crooks. "Getting over Nihilism: Nietzsche, Heidegger and the Appropriation of Tragedy", International Journal of the Classical Tradition, Vol. 9,2002, pp. 37 – 56.

49. Jacques Taminiaux. "On Heidegger's Interpretation of the Will to Power as Art", New Nietzsche Studies, Vol. 3,1999, pp. 1 – 22.

50. J. Glenn Gray. "Heidegger 'evaluates' Nietzsche", Journal of the History of Ideas, Vol. 14,1953, pp. 304 – 309.

51. Jacques Taminiaux. "on Heidegger's Interpretation of the Will to Power as Art", New Nietzsche Studies, 1999(3), pp. 1 – 22.

52. Leslie Paul Thiele. "Twilight of Modernity: Nietzsche, Heidegger, and Politics", Political Theory, Vol. 22,1994, pp. 468 – 490.

53. Lee Congdon. "Nietzsche, Heidegger, and history", Journal of European Studies, 1973(3), pp. 211 – 217.

54. Michael Allen Gillespie. "Heidegger's Nietzsche", Political Theory, Vol. 15,1987, pp. 424 – 435.

55. Michael Ure, "Nietzsche's Schadenfreude", the Journal of Nietzsche Studies, Volume 44, Issue 1, Spring 2013, pp. 25 – 48.

56. Robert D. Stolorow. "Heidegger's Nietzsche, the Doctrine of Eternal Return, and the Phenomenology of Human Finitude", Journal of phenomenological psychology, 2010(41), pp. 106 – 114.

57. Wolfgang Müller-lauter. The Spirit of Revenge and the Eternal Recurrence: on Heidegger's Later Interpretation of Nietzsche, trans. by R. J. Hollingdale, Journal of Nietzsche Studies, 1993 (4), pp.

127 - 153.

58. Wolfang Müller-Lauter. "Das Willenswesen und der übermensch. Ein Beitrag zu Heideggers Nietzsche-Interpretation", *Nietzsche-Studien*, 1981(82), ss. 132 - 192.

59. Wolfang Müller-Lauter. "Nietzsches Lehre vom Willen zur Macht ", *Nietzsche-Studien* 1974(3), ss. 15 - 20.

60. Wolfgang Müller-lauter and R. J. Hollingdale. "the Spirit of Revenge and the Eternal Recurrence: on Heidegger's later Interpretation of Nietzsche", *Journal of Nietzsche Studies*, 1993(4), pp. 127 - 153.

图书在版编目（CIP）数据

还原与争辩：海德格尔对尼采的存在论阐释/马成昌
著.—上海：上海三联书店，2023.4
ISBN 978 - 7 - 5426 - 8091 - 4

Ⅰ.①还…　Ⅱ.①马…　Ⅲ.①海德格尔（Heidegger,
Martin 1889 - 1976）—哲学思想—研究　②尼采（Nietzsche,
Friedrich Wilhelm 1844 - 1900）—哲 学 思 想—研 究
Ⅳ.①B516.54　②B516.47

中国国家版本馆 CIP 数据核字（2023）第 069048 号

还原与争辩：海德格尔对尼采的存在论阐释

著　　者 / 马成昌

策　　划 / 沈璜斌
责任编辑 / 杜　鹃
装帧设计 / 一本好书
监　　制 / 姚　军
责任校对 / 王凌霄

出版发行 / 上海三联书店
　　　　　（200030）中国上海市漕溪北路 331 号 A 座 6 楼
邮　　箱 / sdxsanlian@sina.com
邮购电话 / 021 - 22895540
印　　刷 / 上海惠敦印务科技有限公司

版　　次 / 2023 年 4 月第 1 版
印　　次 / 2023 年 4 月第 1 次印刷
开　　本 / 890 mm × 1240 mm　1/32
字　　数 / 183 千字
印　　张 / 8.5
书　　号 / ISBN 978 - 7 - 5426 - 8091 - 4/B·840
定　　价 / 68.00 元

敬启读者，如发现本书有印装质量问题，请与印刷厂联系 021 - 63779028